이케아에서
에르메스까지

The Best Living Guide 65

이케아에서
에르메스까지

The Best Living Guide 65

정은주 지음

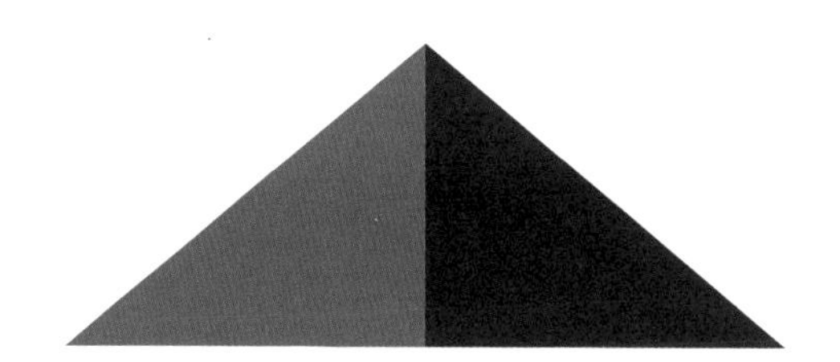

mons

Prologue

확고한 철학과 디자인 정체성을 지닌, 내가 사랑하는 리빙 플레이스 65

숙제하듯 리빙 브랜드 매장을 드나들던 때가 있었다. 인테리어 디자이너 초년병 시절이었다. 국내에 소개된 브랜드가 지금처럼 다양하지는 않았지만 가구, 자재, 소품 등 리빙 브랜드들은 생소하고 어려웠다. 숍에서 취급하는 브랜드의 이름도 낯설었고 각 브랜드별 수준과 특징을 파악하기도 쉽지 않았다. 당시엔 이런 내용을 설명해주는 사람은 물론이고 정리된 자료조차 없었다.

디자이너가 브랜드와 숍에 관한 정보를 제대로 알고 있어야 클라이언트에게도 내실 있는 정보를 전달할 수 있으니 방법을 찾아야 했다. 할 수 있는 유일한 방법은 매장에서 직접 살펴보고 정보를 얻는 것이었다. 제품을 인테리어 현장에 적용해서 스타일링 해보고 클라이언트의 피드백을 듣는 방식으로 나만의 정보 데이터를 축적해왔다. 업무적으로 자주 접하는 매장뿐 아니라 그렇지 않은 매장도 찾아다니며 자료를 찾아보고, 해외 디자인 페어에서도 전시장을 챙겨 보며 각 브랜드의 디자인 흐름과 정체성을 익혀가는 방식으로 나만의 아카이빙을 해온 것이다.

다행스럽게도 리빙은 패션 분야처럼 트렌드가 급변하지 않는다. 역사와 전통에 대한 고집스러운 철학을 지켜가는 브랜드들이 오래도록 사랑받는다. 고가의 하이엔드 브랜드부터 이름 있는 디자이너들과 활발하게 작업하고 있는 컨템퍼러리 브랜드까지, 디자인 정체성을 잘 지켜가며 맥을 이어가는 브랜드를 알아두고 관심 갖는 일은 자신의 취향을 발견해가고 라이프스타일을 업그레이드시키는 계기가 되기도 한다.

우리나라의 라이프스타일 수준이 높아지면서 이제는 해외 디자인 페어에서나 보던 고급 브랜드들도 대다수 국내에 소개되고 있다. 가구 브랜드는 물론이고 도기, 타일, 마루, 페인트 등 거의 모든 자재 브랜드들도 국내에 들어와 있다. 인테리어나 가구 디자이너 등 리빙 분야 전문가들을 넘어 일반 소비자들도 디자이너와 브랜드에 대해 점차 관심을 기울이고 있는 것도 사실이다.
소수의 대형 브랜드가 독식하던 국내 가구 시장도 스타일별로 차별화되고 다양해졌다. 야심차게 시작한 국내 가구 브랜드나 숍도 그 수가 몰라보게 늘었고, 수입 가구라 하면 고가 브랜드 시장이 유일했지만 이제는 다양한 그레이드의 브랜드들이 수입되고 있다. 천편일률적인 우리나라 아파트 공간 구조와 매우 제한적인 브랜드 여건 탓에 국내 인테리어 분야의 성장이 더디다고 생각한 적도 있으나 이제는 상황이 많이 달라졌다. 해외 페어 때나 보던 예술적 경지의 디자인 브랜드들이 국내에 들어와 있고, 마음만 먹는다면 문 열고 들어가 체험해볼 수 있는 공간도 많이 생겼다. 해외에 가면 리빙 숍에 들러 조명과 소품들을 사 들고 오던 사람들도 이제는 국내의 리빙 숍을 드나든다. 디자이너로서 매우 반가운 일이다. 그러나 그 많은 리빙 브랜드가 여전히 어렵고 친숙하지 않다는 이들이 많다. 각 브랜드의 역사와 특징은 무엇인지, 어느 숍이 어떤 브랜드를 전문적으로 다루고 있는지, 각 브랜드별 위상은 어떠한지 정리해야 할 필요성을 느꼈던 이유이다.

피상적으로 생각하면 이제는 모든 정보가 공개되어 있다고 생각하기 쉽다. 어디서든 리빙 브랜드에 대한 정보를 얻기 쉽고 비주얼 데이터도 다양한 채널을 통해 공개되고 있다. 디지털 세계에서 부유하는 정보들을 카테고리별로 정리해 책으로 내는 작업은 리빙에 대한 단편적인 정보들을 지도를 그리듯 정리하는 작업과 같다고 느꼈다. 맥락과 방향을 잡아주는 게 책의 속성이듯, 이 책이 국내의 리빙 브랜드에 관한 정보를 원하는 이들을 위한 내비게이터 역할을 하기 바란다.

국내 다양한 리빙 숍 가운데 내가 가장 사랑하는 65개의 리스트를 소개한다. 하나의 가구 브랜드를 다루는 단독 숍도 있고, 일정한 기준을 갖고 몇 개의 브랜드를 다루는 셀렉트 숍, 자재나 소품을 다루는 숍도 있다. 확고한 철학과 접근 방식을 보여주는, 라이프스타일의 감각을 높여줄 수 있는 곳들이다. 브랜드의 히스토리와 함께 매장별로 살펴야 할 관점과 추천 아이템도 소개하였다. 구입하기는 어려워도 보는 것만으로도 감각을 키워줄 브랜드도 있고, 여러 측면의 만족도를 고려한 실용적인 숍도 있다. 이름의 가치를 지닌 리빙의 '명품'이라 할 만한 곳들을 추렸다. 전 매장을 방문하여 직접 사진 촬영을 하고, 알고 있던 브랜드도 재차 취재하면서 현장에 가면 늘 배울 게 있다는 생각을 다시금 하게 되었다. 리빙에 대한 식견을 넓히고 싶은 독자들이라면 이 책을 지도 삼아 궁금한 매장에 직접 방문해볼 것을 권한다. 감각 있는 공간 스타일링을 원하는 리빙 피플, 길잡이 역할을 하는 브랜드 소개서가 필요했던 젊은 디자이너들에게도 도움이 되기를 바라는 마음이다.

2019년 4월

정은주

Contents

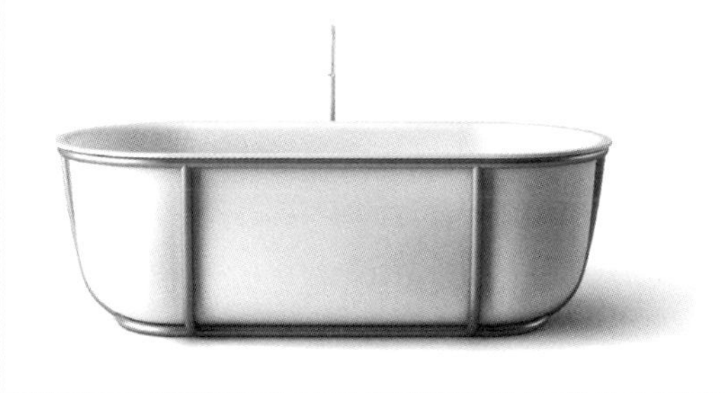

Contemporary Living

1

Micotoya
Micotoya

하루가 멀다 하고 새로운 디자인이 나오는 패션 분야만큼이나 인테리어 영역도 변화와 발전을 꾀한다. 그러나 계절마다 혹은 유행에 맞춰 매번 인테리어에 변화를 주는 것이 쉽지 않은 만큼 인테리어 영역에서는 자신의 취향을 찾는 것이 무엇보다 중요하다.

최근에는 SNS를 통해 서로의 취향과 아이템, 핫 플레이스의 정보를 공유하는 것이 일상적 풍경이 됐다. 자신의 취향을 파악하고 동시에 트렌드를 리딩하는 아이템을 찾고 싶다면 온라인, 오프라인을 넘어 동시대를 뜨겁게 달구고 있는 '컨템퍼러리 리빙' 브랜드를 눈여겨볼 것. 마치 잇백처럼 시선을 사로잡는 유니크한 디자인, 단순하면서도 실용적이라 어떤 공간에도 잘 어울리는 보편적 미감, 가치 소비를 지향하는 스마트한 소비자도 받아들일 수 있는 합리적 가격과 품질 등 현대인의 라이프스타일과 트렌드를 모두 만족시키는 것이야말로 컨템퍼러리 리빙 브랜드의 요건이다.

대부분의 컨템퍼러리 리빙 브랜드는 편집 매장에 입점한 경우가 많은 만큼, 방대한 제품 라인 중 내 취향에 맞는 아이템을 찾아내는 것이 중요하다. 베이식한 스타일을 유지하면서도 트렌드에 민감한 브랜드가 있는가 하면, 시즌별로 과감한 변화를 꾀하는 브랜드도 있다. 반대로 각 브랜드(편집 매장) 오너의 큐레이션 감각을 엿보는 것도 즐거움 중 하나다. 스타일링 노하우에 따라 같은 제품이 전혀 다르게 부일 수도 있고, 같은 제품이라도 공간 분위기에 따라 다른 분위기를 내는 만큼 작은 아이템부터 순차적으로 적용해 감각의 근육을 키우는 것이 좋다.

kitty
bunny

INNOMETSA

이노메싸

노르딕 라이프스타일의 모든 것

About INNOMETSA

명실상부 국내 최대의 북유럽 리빙 브랜드 편집 숍. 이노메싸는 영어 'innovation(혁명)'과 핀란드어 'metsa(숲)'를 결합한 이름으로, 북유럽 디자인의 전성기인 1950~60년대 디자인 제품과 현재의 부흥기를 맞고 있는 북유럽 국가(덴마크, 스웨덴, 핀란드, 노르웨이)의 유명·신진 디자이너들의 독창적인 디자인 제품 및 브랜드를 총망라해 소개한다. 2006년, 온라인을 통해 판매를 시작했으며 2011년 서울 양재동에 쇼룸을 오픈한 이후 헤이Hay 론칭까지 활발한 행보를 이어가고 있다.

Brand history

- 메누Menu

  1976년 설립한 이래로 메누는 최고의 디자이너와 크래프트 전문가들의 기술을 이용해 현대적 디자인을 창조해내고 있다. '소프트 미니멀리즘'을 모토로 진 세계에서 활약하는 다양한 분야의 디자이너들과 지속적 컬래버레이션을 통해 새로운 소재와 혁신적인 기능, 독창적인 디테일을 갖춘 스칸디나비안 스타일의 제품을 만들고 있다. 특히 덴마크 코펜하겐에 자리한 '메누 스페이스Menu Space'는 메누의 창의적 디자인을 선보이는 쇼룸으로 브랜드의 새로운 디자인 콘셉트를 테스트하고 창조하는 허브 역할을 톡톡히 해내고 있다.

- 앤트래디션&Tradition

  2010년 마르텐 코른베크 한센Martin Kornbek Hansen이 설립. 1930년대 아르네 야콥센이 디자인한 벨뷰Bellevue 조명과 마이어Mayor 소파, 예른 오베르

웃손Jørn Oberg Utzon이 디자인한 웃손Utson 램프, 베르너 판톤Verner Panton이 디자인한 플라워포트Flowerpot 조명 등이 메인 컬렉션이며 루나 니케토, 하이메 아욘 등 현대 디자이너의 컬렉션도 함께 소개한다. 공예와 예술, 기능과 형태 등 북유럽 전통 유산을 무엇보다 중요하게 여기는 브랜드로, 당대에는 혁신적이었던 과거의 디자인을 복원해 시대를 초월하는 아이콘으로 자리매김하겠다는 목표를 지니고 있다.

- 빕VIPP

제2차 세계대전 직전, 덴마크의 작은 도시에서 시작된 브랜드. 금속장인 올게르 닐센Holger Nielsen이 곧 오픈할 미용실에서 쓸 휴지통을 만들어달라는 아내의 요청을 받고 뚜껑 있는 페달식 휴지통을 만든 것이 그 시작이다. 손을 사용하지 않아도 되는 이 휴지통은 미용실을 찾는 손님들의 입소문으로 유명세를 타기 시작했고 이후 덴마크 미용실이나 치과 등에서 널리 사용되었다. 덴마크 내의 장인들이 만드는 것으로 유명한 빕의 휴지통은 1930년대부터 지금까지 디테일의 변화가 거의 없다. 이후 프랑스 파리의 루브르 박물관에 전시된 유일한 휴지통 제조사로 알려져 다양한 컬래버레이션을 진행하면서 클래식과 현대 예술을 융합시키는 역할을 하게 된다. 지금은 주방 제품인 빕 키친VIPP Kitchen도 생산 중인데, 색상과 장식 옵션 없이 오직 블랙 컬러에 스틸 상판만으로 자신의 아이덴티티를 표현한다. 빕 키친은 일체형 싱크대, 자체 디자인한 수전 등이 완벽한 조화와 깔끔한 마무리를 보여준다.

Point of view

이노메싸는 북유럽 스타일을 우리에게 알리는 데 큰 역할을 한 브랜드다. 해외 디자인 페어에서 눈여겨본 노만 코펜하겐의 심플한 빗자루와 쓰레받기 세트가 2007년 서울리빙디자인페어에 나와 있어서 깜짝 놀랐는데, 그 제품을 소개한 곳이 바로 이노메싸였다. 지나치게 심플한 디자인은 오히려 공간을 밋밋하게 만들기도 하는데, 이노메싸는 심플한 북유럽 스타일을 유지하면서 유니크한 매력이 있는 제품으로 구성되어 공간에 포인트를 줄 수 있다.
총 5개 층으로 구성되어 있는 이노메싸 쇼룸은 제품이 많은 것은 물론이고 가격대도 다양해서 선택의 폭이 넓다. 최신 북유럽 리빙 디자인 트렌드를 한눈에 살펴볼 수 있고, 카테고리별로도 분류가 잘되어 있어 스타일링 아이디어를 익히기에 좋다. 한 번에 다양한 스타일의 제품을 구경할 수 있으므로 정확히 어떤 제품을 사야 할지 모를 때 이노메싸를 방문하면 솔루션을 찾을 수 있다.

More info

이노메싸 쇼룸의 지하 1층은 테이블웨어와 홈 액세서리, 패브릭, 1층은 헤이Hay 단독 매장으로 운영하고 있다. 2층은 빕의 소품과 함께 빕 키친 제품이 전시되어 있고, 3층은 하이 퀄리티 브랜드인 루이스 폴센, 구비, 앤트래디션 등의 제품이 디스플레이되어 있다. 5층에는 클래식과 미니멀 감성을 함께 느낄 수 있는 브랜드인 스텔라웍스Stellar works 제품이 전시되어 있다.

Designer's pick

이노메싸의 여러 브랜드 중에서 '메누'를 좋아한다. 오랜 시간 고심해서 고른 사무실 거울도 메누 제품. 공사 후에 고객들에게 소품을 추천해야 할 경우에는 메누의 쓰레받기와 빗자루, 휴지통, 유리창 청소 도구 등을 권한다. 단정한 디자인 덕분에 생활 전체의 질이 높아지는 기분이 든다.

○⊃⊙
02-3463-7752
서울시 서초구 양재천로 127 이노메싸빌딩
www.innometsa.com
Instagram @innometsa

메누 Norm Floor Mirror

design

1000 CHAIRS
ROOM 606
KOTO

string®

rooming

루밍

일상에 디자인을 선물하다

About rooming

인테리어 스타일리스트로 활동하던 박근하 대표가 2008년 디자이너 의자와 조명, 포스터 등을 판매하는 작은 숍을 오픈한 것이 루밍의 시작이다. 지금은 서울 서래마을의 건물 3개 층에 총 200여 브랜드의 아이템을 선보이고 있는 리빙 편집 매장으로 성장했다. 이곳에서는 저렴한 것부터 고가의 제품까지 다양한 물건을 판매하는데, 모든 연령대의 소비자가 편하게 다가갈 수 있는 공간을 만들기 위해서 상품군을 줄이지 않는다. 프리츠 한센의 한국 공식 판매처이기도 한 루밍은 2017년 프리츠 한센 아시아퍼시픽 딜러 중 판매 1위를 차지했다.

Brand history

- 스트링String

  스웨덴에서 1949년에 시작된 가구 브랜드. 사용자의 취향에 따라 원하는 구성을 선택할 수 있는 시스템 선반을 선보이는데, 스웨덴의 건축가 닐스 스트리닝Nils Strinning이 디자인했다. 스트링 시스템은 간편한 조립과 유연한 배치가 장점이다. 포장도 간단해 운송이 쉽고, 모든 방향으로 확장할 수 있으며 다른 장소로도 쉽게 옮길 수 있도록 하기 위해 매우 심플한 방식으로 시스템을 구성했다. 제품 종류는 크게 네 가지로 분류되는데, 3단 선반으로 구성한 기본형 포켓Pocket, 기능성 수납 모듈을 자유롭게 추가할 수 있는 시스템System, 욕실에서도 사용할 수 있도록 플라스틱 패널을 도입한 플렉스Plex, 사무 공간을 위한 수납 모듈을 추가한 워크Works 시리즈다. 스트링 시스템의 고유한 디자인 특성은 그대로 유지하면서 확장 설치하는 액세서리나 제품의 컬러에 변화를 줘서 자신만의 공간을 디자인할 수 있도록 했다.

- 코라이니 에디지오니Corraini Edizioni

  세계적인 디자이너이자 작가인 브루노 무나리Bruno Munari의 책을 포함해 다양한 아트북과 포스터를 판매하는 이탈리아 브랜드. 브루노 무나리는 피카소가 제2의 다빈치라고 부를 정도로 예술, 문학, 어린이 조형 교육 등 다양한 분야에서 두각을 나타냈던 인물이다. 그의 책들은 단순히 스토리가 적힌 종이가 아니라, 독특한 일러스트와 전달 방식이 담긴 예술 작품과도 같다.

Point of view

루밍은 작은 클립부터 큰 가구까지 모든 게 다 있는 곳이다. 고객의 입장에서는 다양한 아이템을 한군데서 둘러볼 수 있어서 좋다. 대신 많은 물건 속에서 자기가 좋아하는 제품, 필요한 것들을 잘 골라낼 수 있는 안목이 필요하다. 또 루밍의 박근하 대표가 해외 출장이나 여행 등을 자주 다니면서 제품 선정에 공을 들이고 SNS 활동도 활발하게 하면서 고객과 친근하게 소통한다. 그래서 브랜드 오픈 후 시간이 제법 흘렀지만 정체되었다는 느낌 없이 새로운 브랜드나 정보에 빠르게 대처한다. 루밍 제품 중에서 프라이탁Freitag이라는 브랜드도 눈여겨볼 만한데, 프라이탁은 천막 등의 재활용품을 이용해 가방이나 문구류 등을 만드는 스위스 브랜드로 업사이클링이라는 요즘의 시대정신과도 잘 맞아떨어져서 루밍의 개성을 더욱 업그레이드시켜주는 느낌이다.

More info

루밍은 가구나 소품뿐만 아니라 다양한 도서도 판매 중이니 눈여겨볼 필요가 있다. 특히 코라이니 에디지오니 브랜드로 참여한 2011, 2012,

2013년의 국제 도서전에서는 모든 전시품이 완판될 만큼 인기를 얻었다.

Designer's pick

주방 설거지 수납의 에르메스라고 불리는 라 베이스La Base의 식기 건조대Dish Drainer. 물때나 지문으로 인한 얼룩이 거의 생기지 않는 깨끗한 스테인리스 재질 덕분에 인기가 많다.

○ㄷ⊙
02-599-0803
서울시 서초구 서래로 6
www.rooming.co.kr
Instagram @rooming_official

라 베이스 Dish Drainer

FRITZ HANSEN

프리츠 한센

덴마크를 대표하는 글로벌 가구 브랜드

Brand history

'품질'과 '장인 정신'을 바탕으로 140년 이상의 역사를 이어오고 있는 덴마크 브랜드. 장인 정신과 기능주의를 기반으로 아르네 야콥센, 폴 케홀름, 한스 베그너와 같은 거장 디자이너의 가구를 선보이며 북유럽 디자인의 아이콘과도 같은 앤트Ant 체어, 시리즈 세븐Series 7체어 , 에그Egg 체어 등을 수많은 버전으로 확대·재생산한다. 2018년에는 아르네 야콥센이 디자인한 에그 체어 출시 60주년을 맞아 코펜하겐에 위치한 사스로얄호텔과 협업해 호텔 스위트룸을 디자인하고 서울리빙디자인페어에서 스타 디자이너 하이메 아욘과 전시를 여는 등 다양한 행보를 펼쳤다. 2015년부터 덴마크 기반의 조명 회사 라이트이어즈Lightyears를 합병하면서 다채로운 조명 라인도 선보이고 있다.

Point of view

우리나라에서는 프리츠 한센의 세븐 체어와 일립티컬 테이블Elliptical Table이 선풍적인 인기를 끌었다. 덕분에 2016년에는 한국이 덴마크 가구 회사 프리츠 한센의 최대 매출국이 되었을 정도. 당시 세븐 체어와 일립티컬 테이블이 SNS에 소개되면서 그동안 보아오던 식탁과 달리 선이 단순하면서도 정제된 분위기가 사진으로 잘 표현되어서 많은 사람의 호감을 불러일으켰다.

프리츠 한센은 모든 세대에 걸쳐 인기가 있지만 특히 30~40대 초반의 구매자가 많은 브랜드이다. 북유럽 디자인 제품은 공간의 영향을 많이 받는 편이라 너무 밋밋하거나 제대로 정돈되지 않은 공간에 두면 가치를 제대로 느낄 수 없다. 따라서 북유럽 스타일 가구로 인테리어를 시작하고 싶다면 어떤 배경에서 사용할지 미리 결정한 다음에 필요한 제품을 고르는 것이 효과적이다.

More info

프리츠 한센의 베스트셀러 아이템들 이외의 새로운 것을 찾는다면 폴 케홀름Poul Kjaerholm의 'PK 시리즈'를 추천한다. "세부적 디테일이 제대로 되어 있지 않다면 이미 다른 것들 또한 제대로 완성될 수 없다"는 디자인 신념을 가진 그의 작품들은 자세히 볼수록 디테일이 살아 있다. 덕분에 PK 시리즈의 디자인 제품들은 빈티지로도 그 가치를 인정받고 있다.

Designer's pick

PK 시리즈 중 PK22 체어. 어떤 공간과도 어울리며 PK22만의 카리스마로 가볍지 않은 북유럽 스타일을 완성한다. 폴 케홀름은 이 의자로 프레드릭 루닝이 제정한 권위 있는 상 '루닝 어워드'를 수상하기도 했다.

ㅇㄱㅇ
02-6959-8458
서울시 서초구 서래로 6, 2층
www.fritzhansen.com
Instagram @fritzhansen_korea

PK22 Chair

chapter I

챕터원

취향을 찾는 사람을 위한 곳

About chapter 1

2013년에 구병준·김가언 부부가 '물건보다는 느낌과 공간의 개념을 보여준다'는 의지를 갖고 시작했다. 진정한 '핸드메이드' 공예품을 소개하는 것을 목표로 국내 디자이너 및 상품을 발굴해 유통하면서 새롭게 발굴한 작가를 위해 브랜드 컨설팅도 진행한다. 국내외 리빙 전반을 아우르는 디자인 소품군과 소가구 위주로 구성되어 있다.

2016년 오픈한 '챕터원 꼴렉트'는 컬렉터의 감성과 취향을 고루 살핀 주거 스타일을 제시한다. 특정 브랜드에 한정되지 않으며, 다양한 가구와 오브제 그리고 공예 작품이 조화를 이루고 있다. 2018년에 오픈한 '챕터원 에디트'는 아시아 고유의 감성, 수공예의 미학과 컬래버레이션을 보여준다. 기본적으로 따뜻한 감성을 추구하며, 공예와 아트에서 파생되는 라이프스타일의 접점을 연구하고 있는데, 4층에 갤러리 도큐먼트를 오픈해 '장인으로 이어지는 손 기술의 가능성'을 테마로 한 전시를 진행한다.

Brand history

- 구비Gubi

  1967년 구비 올센Gubi Olsen이 설립한 덴마크 가구 브랜드. 2001년 두 아들 야콥과 세바스티안이 사업을 이어가면서 1950~60년대 미드센트리midcentury를 오마주한 가구를 소개하고 있다. 루이스 웨이스도르프가 1972년에 디자인한 멀티 라이프 펜던트 조명을 비롯해 조 폰티가 1933년 디자인한 거울을 재해석한 F.A 33 미러, 피에르 폴랑Pierre Paulin의 암체어 등이 대표적. 감프라테시와 스튜디오 코펜하겐이 합류해 지금 가장 핫한 글로벌 리빙 브랜드로서 구비만의 스타일을 전하고 있다.

- 지티브이GTV

  미하엘 토네트Michael Thonet가 1853년에 창립한 브랜드로 나무를 쪄내 굽히는 기술을 이용한 벤드 우드로 의자를 만들며 브랜드의 명성이 시작됐다. 1976년, 미하엘 토네트의 증손자 프리츠 야코프 토네트가 GTVGebrueder Thonet Vienna의 명성을 되찾기 위해 브랜드를 재정립해 현재까지 오스트리아에서 그 명맥을 잇고 있다. 스테디셀러인 타르가Targa 소파에 로즈 핑크를 추가하고, 넨도와 협업해 현대적인 싱글 커브Single Curve 체어를 만드는 등 전통적인 라인에 새로운 구조, 색, 재료를 추가하며 다양한 가구를 재탄생시키고 있다.

Point of view

챕터원은 무언가 특별한 것을 찾고 싶을 때 들르는 곳이다. 챕터원 셀렉트, 챕터원 꼴렉트, 챕터원 에디트로 매장이 나뉘어 있는데, 각각의 공간마다 콘셉트도 다르고 셀렉션도 다른 점이 재미있다.
또 챕터원은 작가 발굴에 신경을 많이 쓰는 곳으로 재능 있는 신진 작가의 제품을 만나는 재미도 쏠쏠하다. 여러 가지 재료로 작품을 만드는 작가들을 발굴하고 그들과 협업으로 리빙 작품을 만들어내는데 그 안목이 남다르다.
챕터원 꼴렉트는 수입 가구가 주를 이룬다. 한 번쯤 들어봤을 법한 디자이너의 제품이 많고 생활 속에서 편안하게 사용할 수 있는 '스틸라이프' 에디션도 발견할 수 있다.

More info

챕터원 에디트는 1층에 파운드 로컬이라는 테라스 카페와 레스토랑이 있고, 가운데 2개 층은 소품 숍, 맨 위층은 도큐먼트 갤러리로 운영되고 있다. 만약 공예품을 처음 구입한다면 권나리 작가의 스틸라이프 라인을 주목해보는 것도 좋을 듯. 디자인이 아름다운 도자 머그는 커피를 마시는 시간까지도 특별하게 해준다.

Designer's pick

실크와 마직을 활용해서 만든 김민수 작가의 조명 '화양연화'. 한국의 옛날 소재를 활용해서 모던한 감각으로 재탄생시켰다. 탈착이 가능한 단추 마감까지 직접 손으로 제작할 정도로 디테일까지 세심하게 고려해 소장 가치가 충분하다.

070-8881-8006
서울시 강남구 논현로151길 48 지하 1층
www.chapterone.kr
Instagram @chapter1_official

김민수 작가 '화양연화'

HAY

헤이

덴마크 디자인에 젊은 감각을 더하다

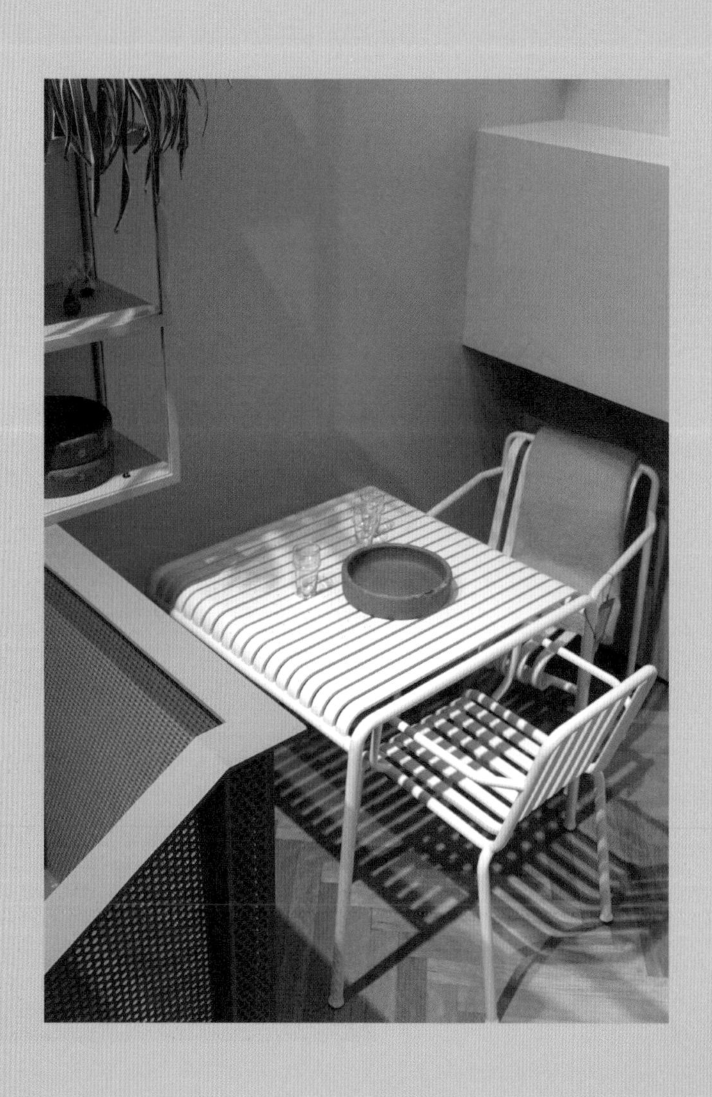

Brand history

스칸디나비안 스타일의 덴마크 리빙 브랜드. 창업자 롤프 헤이Rolf Hay는 패션업계 종사자였는데, 우연히 덴마크 가구를 대표하는 구비Gubi의 독일 지점에서 일하면서 가구에 관심을 갖게 되었다. 이후 덴마크로 돌아와 패션 회사인 베스트셀러Bestseller와 프로젝트 작업을 하던 중 대표인 토로엘스 홀크 포블센Troels Holch Povlsen을 만나 그 역시 가구에 열정이 있다는 것을 알고 함께 가구 회사를 설립, 2003년 1월 독일 쾰른 국제가구박람회IMM Cologne에서 첫 컬렉션을 공개했다.

가구 디자인을 해본 적이 없는 롤프 헤이의 경력이 오히려 헤이를 특별하게 만드는 원동력이 되었는데, 그는 자신만의 시선으로 스칸디나비안 스타일을 해석하고 건축의 고정성과 패션의 역동성을 가구에 접목시키며 헤이를 세계적인 회사로 키워냈다.

헤이는 제품을 개발할 때 아름다운 디자인뿐 아니라 지속 가능성과 합리적인 가격을 함께 고려한다. 기존의 북유럽 가구들이 너무 고가라서 다가가기 힘들었던 고객들에게 헤이는 대안이 되면서 빠르게 글로벌 브랜드로 성장했다. 가구 컬렉션에서 시작해 쿠션, 침구, 행어, 러그, 테이블웨어 등 집을 꾸미는 데 필요한 홈 액세서리 컬렉션을 출시하며 가구 브랜드에서 홈 인테리어 브랜드로 영역을 확대하며 빠른 속도로 성장하고 있다.

Point of view

헤이는 소파나 테이블 의자 같은 가구는 물론이고 생활용품, 패브릭, 홈 액세서리까지 생활 전반에 걸친 거의 모든 리빙 제품을 판매하는 토털 브랜드다. 우리나라에 처음 생긴 헤이 단독 매장인 이태원점은 감성적인 외관으로 크게 인기를 끌었다. 헤이는 브랜드 역사가 길지 않지만 한국 시장에서도 2호점까지 낼 정도로 짧은 기간에 놀랍게 성장했다. '다 똑같은 북유럽 스타일 아닌가?' 하는 이들도 있는데 헤이는 그들만의 독특함을 확실히 가지고 있다. 기본에 충실한 디자인으로 실용성을 중요하게 생각하는 스칸디나비안 스타일을 지키면서, 거기에 젊은 감각이 느껴지는 산뜻한 컬러, 구조적인 디자인, 메탈 소재가 주는 독특한 느낌 등으로 다른 스칸디나비안 스타일과 비교되는 뚜렷한 존재감을 보여준다.

More info

2011년에는 실용성이 강조된 일상용품을 모던하고 위트 있게 표현한 액세서리 컬렉션 헤이마켓Hay Market을 론칭해 가위, 노트, 펜, 연필 등 문구류까지 폭넓은 제품군을 선보인다. 또 헤이키친도 론칭하며 테이블웨어를 비롯한 다양한 다이닝 제품을 소개하고 있다.

Designer's pick

금속으로 만든 슬리트Slit 테이블. 테이블의 모양이 원형과 사각형 2가지로 나눠져 있는데 테이블의 다리 형태가 독특해 다른 브랜드의 가구와도 매칭하기 좋다. 목재나 대리석 테이블과 매칭하면 멋진 공간을 연출할 수 있다.

○ㄱ⊙
이태원점
02-749-2213
서울시 용산구 회나무로 68

강남점
02-515-2214
서울시 강남구 압구정로14길 34

www.hay.dk
Instagram @haykorea

Slit Table

NATUZZI

나뚜찌

최상의 가죽으로 만드는 소파

Brand history

나뚜찌 그룹의 현 회장이자 CEO, 수석 스타일리스트인 파스콸레 나뚜찌Pasquale Natuzzi는 캐비닛 장인(디자이너가 디자인한 것을 실제 제품으로 만드는 가구 장인, 즉 마에스트로를 의미함)의 아들로 태어나 19세가 되던 해에 이탈리아 타란토Taranto에서 3명의 동업자와 함께 공방을 오픈해 소파와 암체어를 만들었다. 이후 1972년에 Natuzzi Salotti S.R.I라는 이름으로 산업화 체계를 갖춘 공장을 가동하기 시작했다. 나뚜찌가 탄생한 이탈리아 남부 풀리아Puglia는 역사와 자연이 현대 문물과 공존하고 있는 지역으로 이런 점이 나뚜찌의 디자인적 영감의 원천이 되었다. 현재 나뚜찌의 디자인은 스타일리스트, 디자이너, 건축가, 엔지니어, 컬러리스트, 인테리어 데코레이터 등 총 120명의 전문가 집단으로 구성된 2개의 디자인 센터(산테라모, 밀라노)에서 완성된다. 내부 인원뿐 아니라 매년 각 분야의 전 세계적인 디자이너들과 협업하여 신제품을 생산하는 나뚜찌는 새로운 콘셉트를 창조하는 브랜드로 자리 잡고 있다. 외피는 물론이고 보이지 않는 부분까지 100% 면피로 만들어 최상의 품질을 유지한다.

Point of view

처음 인테리어 디자인을 시작할 때부터 눈여겨보아온 브랜드. 소파는 무엇보다 '가죽'이 중요한데, 나뚜찌는 꽤 오랜 세월을 지켜본 결과 가죽의 질을 정상급 수준으로 이어오고 있다는 것을 확인했다. 나뚜찌 제품에 사용되는 모든 가죽은 이탈리아 북부 우디네Udine에 위치한 자체 공장에서 생산되는데, 알프스의 깨끗한 물이 흐르는 곳이다. 이러한 지리적인 장점 덕분에 가죽 자체가 세계 최고의 컬러와 품질을 갖게 되었다. 고유의 브랜드 히스토리를 지키면서도, 기능과 디자인적인 부분에서는 시대의 흐름에 맞춘 새로운 제안을 하기 위해 노력하는 덕분에 나뚜찌 매징에서는 익숙하면서도 어딘가 새로운 스타일의 신제품을 만날 수 있다.

More info

사람들에게 건강하고 안전한 제품을 공급하기 위해 나뚜찌는 소파 내장재인 폴리우레탄 폼까지 자체 공장에서 생산하며, 단독 가죽 공장을 운영하고 있다. 모든 생산 관리는 국제표준화기구ISO, 안전보건시스템에서 가장 높은 기준의 품질 경영과 환경 규격을 인증받았다.

Designer's pick

제레미Jeremy 2987 소파. 제레미는 이탈리아 디자이너이자 건축가 그룹인 스튜디오 메모Studio Memo의 만조니 & 타피나시Manzoni & Taapinassi가 디자인한 제품. 정제된 직선과 스퀘어 형태가 돋보이며, 톤 다운된 컬러가 고급스러움을 전한다. 고밀도의 폴리우레탄과 최고급 구스 덕분에 최상의 편안함을 느낄 수 있다.

ㅇㄷㆁ
논현직영점
02-517-5650
서울시 강남구 학동로 143

잠실직영점
02-412-8666
서울시 송파구 백제고분로 224

www.natuzzi.co.kr
Instagram @natuzzi_korea

Jeremy 2987

JAJU

자주

한국식 라이프스타일의 완성

Brand history

2000년에 이마트 내 '자연주의'라는 이름으로 시작된 브랜드. 2010년에 신세계인터내셔날이 자연주의를 인수하면서 한국 사람들의 라이프스타일에 맞게 실용적이면서도 감각적인 일상 아이템들을 선보였고, 2012년에 '자주JAJU'라는 이름으로 리뉴얼되었다. '한국형 라이프스타일'을 모토로 하는 만큼, 실제 사용자인 주부들이 개발 단계에서부터 참여해 품질과 디자인을 향상시킨 것으로 유명하다. 자주에서 선보이는 제품들 중 좁은 공간에서도 사용하기 편한 사이즈의 가구들, 부엌일의 불편함을 줄여줄 수 있는 아이디어 주방 도구는 사람들의 삶의 질을 더욱 높여주는 역할을 해냈다. 현재 자주는 '자주 쓰는 것들의 최상'을 제시하기 위해 더욱 다양한 분야에서 한국적인 라이프스타일을 제안하고 있다.

Point of view

자주는 말 그대로 '한국인의 라이프스타일'을 위한 브랜드라고 할 수 있다. 한국인들의 가장 기본적 형태의 생활 공간은 물론이고 한국적인 삶의 방식을 제대로 연구한 덕분에 자주에서 소개하는 아이템들은 다른 브랜드보다 훨씬 더 친근하게 접근할 수 있다. 브랜드가 시작된 초창기에는 생활 소품이 주를 이루었던 반면, 최근에는 소형 미니 가전이나 가구, 다양한 음식까지 판매하고 있다. 대한민국을 대표하는 브랜드라는 자부심에 맞게 최상의 품질을 갖추기 위해 노력한 덕분에 자주의 제품들은 가성비가 높은 것으로도 유명하다. 디자인이 심플하고 미니멀해 최근 급증하는 1인 가구와 신혼부부의 라이프에 어울리는 제품이 많다. 오크와 고무나무로 견고하게 만든 친환경 가구 라인도 풍성하다.

More info

신세계 그룹이 운영하는 이마트에서 손쉽게 구경할 수 있다는 것이 큰 장점. 또 이마트 앱이나 신세계인터내셔날의 공식 몰 S. I. VILLAGE를 통한 온라인 쇼핑이 편리해서 국산 홈 퍼니싱 브랜드 중에서 가장 접근성이 좋다.

Designer's pick

인덕션 겸용 정사각형 스테인리스 팬. 몸통과 손잡이가 모두 스테인리스 스틸로 되어 있어 냄비로도 사용이 가능하다. 통 3중 구조로 가스레인지뿐 아니라 인덕션과 오븐에서도 사용할 수 있어 편리하다. 사이즈도 다양하므로 세트로 구입해두고 사용하면 좋은 제품.

ㅇㅈㅇ
가로수길점
02-3447-3600
서울시 강남구 도산대로13길 15
www.jaju.co.kr
Instagram @jaju_shinsegae

인덕션 겸용 정사각형 스테인리스 팬

kitty bunny pony

키티버니포니

개성 있는 패턴의 패브릭 브랜드

Brand history

1994년 대구에서 창업한 자수 공장 '장미산업사'의 대표인 아버지의 기술력과 홍익대학교에서 디자인을 전공한 딸의 디자인 감각이 더해져 만들어진 브랜드로, 2008년 온라인 숍을 통해 첫선을 보였다. 처음에는 토끼, 사슴, 펭귄, 북극곰 등 동물 형태의 쿠션으로 이름을 알렸고, 기하학적인 패턴의 패브릭 쿠션 등을 온라인을 통해 판매하며 성장했다. 개성 있는 패턴과 컬러 감각으로 단조로운 국내 패브릭 시장에서 독보적인 위치를 차지하고 있으며 침구, 커튼, 파우치 등으로 영역을 확장해 꾸준한 인기를 얻고 있다.

2015년 서울 합정동의 오래된 단독 주택을 리노베이션해 오픈한 '메종 키티버니포니 서울Masion Kitty Bunny Pony Seoul'에서 키티버니포니의 다양한 제품군을 소개하고 있다. 회사 내 디자인연구소에서 패턴 개발과 연구를 꾸준히 진행하며, 섬세한 자수 기술을 접목한 자수 제품이 인기가 높다. 다양한 분야의 브랜드, 디자이너, 예술가들과 진행하는 활발한 협업 작업 또한 눈여겨볼 만하다.

Point of view

국내 원단 디자인의 단조로움을 깨는 선명한 색감과 독창적인 패턴이 신선하고 매력적이다. 디자인부터 제품 생산까지 자체적으로 가능하기 때문에 좋은 품질의 제품을 합리적인 가격에 제공하는 것도 큰 장점이다. 기존 국내 생산 패브릭과는 다르게 패턴이 자유분방한 원단을 처음으로 만들어낸 브랜드다. 메종 키티버니포니 서울 쇼룸에는 커튼, 침장, 작은 쿠션과 에코 백까지 다양한 패브릭 제품이 스타일링되어 있는데, 통통 튀는 이곳의 감성을 둘러보는 것만으로도 도움이 된다. 그동안 우리나라 원단 업계에서 패턴만으로 브랜드의 고유성을 내세울

만한 곳이 없었는데, 키티버니포니가 이 분야에서 존재감을 드러낸 곳이라 기대가 크다.

More info

메종 키티버니포니 서울은 키티버니포니 매장과 디자인 스튜디오, 서점 겸 카페인 엠케이비씨M.K.B.C로 이루어져 있다. 키티버니포니의 다양한 패브릭 제품군을 충분히 경험하고 구매할 수 있도록 집을 콘셉트로 설계된 공간으로 키티버니포니 제품뿐 아니라 키티버니포니의 디자인 연구소인 Studio KBP에서 선보이는 시즌별 프로젝트 제품을 만나볼 수 있다.

Designer's pick

줄무늬가 들어간 피크닉 가방. 스트라이프 패턴의 아이템들은 세상에 많지만 마음을 사로잡는 제품을 만나기 쉽지 않은데, 이 제품은 유독 눈에 들어왔다. 키티버니포니의 스트라이프 패턴은 특유의 생기발랄한 에너지가 넘쳐 이 가방 하나를 드는 것만으로도 젊은 감각을 쉽게 더할 수 있다.

○⊐⊙
02-322-0290
서울시 마포구 월드컵로5길 33-16
www.kittybunnypony.com
Instagram @kittybunnypony

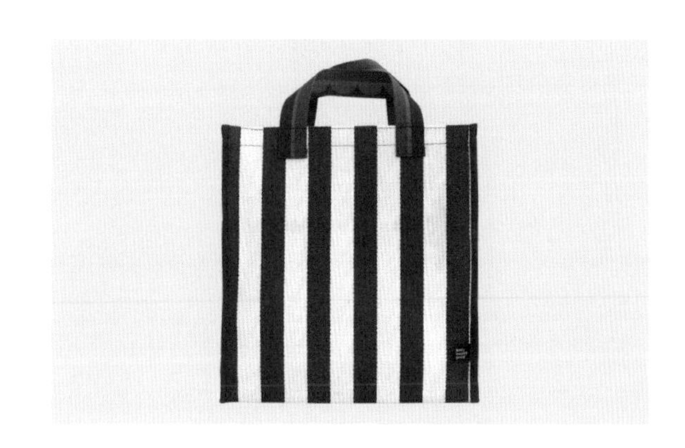

Picnic Bag

dorelan

돌레란

전 연령을 위한 친환경 매트리스

Brand history

1968년 설립된 곳으로 매트리스와 침대 프레임까지 침대에 관한 모든 것을 생산하는 유럽 최고의 이탈리아 침대 브랜드다.
그중에서 돌레란이 자랑하는 마이폼Myform 메모리폼은 물을 기반으로 하는 MDIMethylene diphenyl diisocyanate 공법을 통해 생산되는데, 이는 생산 공정에서 직원들이 마스크를 쓰지 않아도 될 정도로 인체에 무해한 제품이다. 위생적인 환경에서 철저한 관리 아래 생산된 덕분에 돌레란의 모든 매트리스는 폼, 접착제, 커버까지 유럽 섬유 환경 인증 시스템인 외코텍스Oeko-Tex Standard Class 100 최고 1등급을 획득했다.
돌레란은 환경을 생각하는 기업으로서의 역할도 제대로 수행하고 있다. 공장과 사무실에서 사용하는 전기 사용량의 90% 이상을 직접 설치한 태양열 패널로 생산하는 등의 노력을 통해 친환경적인 마인드를 적극적으로 실천하고 있는 것이다.

Point of view

어린이 방이나 청소년 방을 계획할 때 매트리스를 고르면서 아동의 7존zone을 어떻게 살릴 수 있을지 항상 궁금했는데, 돌레란의 키즈 라인 플립Flip이 궁금증을 시원하게 해결해줬다. 플립은 아이의 성장에 맞춰 만든 4in1 매트리스다.
이탈리아 최고의 소아 전문의들과 10여 년간 공동 연구를 진행한 돌레란은 세계보건기구WHO에 의해 연구된 남녀 2~19세 계정백분위 테이블을 근거로 90~170cm 사이에 신장을 4단계로 나누어 매트리스의 상하 및 앞뒷면을 활용하는 성장 단계별 플립 매트리스를 개발했다.
플립 매트리스는 성장 단계에 맞는 아이의 신체적 위치를 고려하여 머리, 어깨, 허리, 골반 등 메모리폼의 레이어를 각각 다르게 구성한 제품으로 바른 수면 자세를 취하게 해 척추를 곧게 하며 뒤척임을 최소화해 항상 편안하게 잠을 잘 수 있도록 해준다.

More info

플립은 하나의 매트리스를 4가지로 변형해가면서 사용한다. 플립의 상/하/앞면/뒷면을 성장 4단계에 맞춰 180도로 회전하거나 반대로 뒤집어 사용함으로써 1개의 매트리스를 4개처럼 사용할 수 있도록 만든 것이다. 또 아이들을 위한 제품인 만큼 매트리스의 무상 보증은 5년, 유상 보증은 10년까지 가능하도록 했다. 이런 품질 보증 10년 보장 덕분에 플립은 더욱 믿고 사용할 수 있는 브랜드가 되었다. 오랜 시간 사용이 가능하도록 집 진드기 방지 기능은 기본, 언제든지 위생적으로 사용할 수 있도록 세탁기를 이용한 세탁이 가능하도록 만든 커버도 눈에 띈다.

Designer's pick

돌레란의 플립 매트리스. 그동안 볼 수 없었던 성능이 가장 먼저 눈길을 끌었다. 어린아이들을 위한 침대를 고를 때 의외로 믿을 만한 브랜드 제품이 많지 않아서 고민하는 엄마가 많은데 플립 매트리스가 이를 해결해줄 수 있을 것 같다.

ㅇㄷㅇ

1661-6743

서울시 강남구 학동로157 원일빌딩 3층 (주)더홈

아이파크몰

02-2012-2075

신세계백화점 강남점
02-3479-1773

www.dorelan.co.kr / flip.dorelan.co.kr
Instagram @dorelan_korea

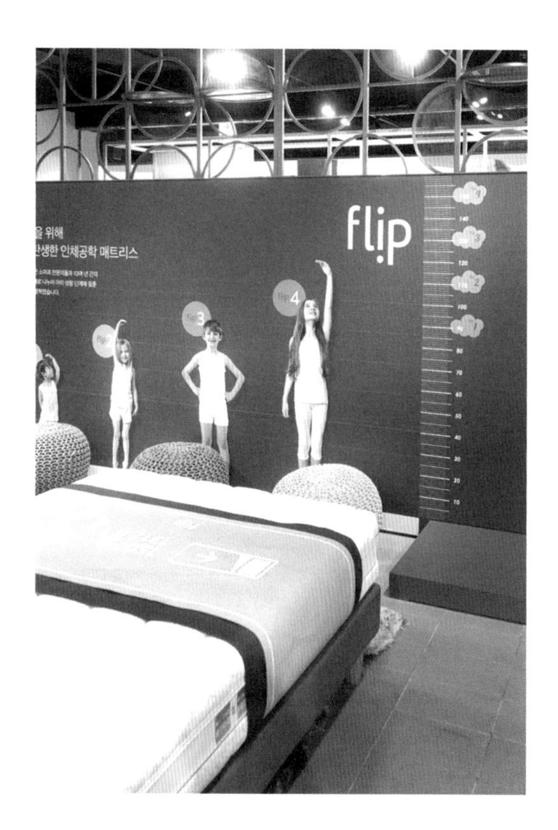

Flip matress

HPiX

에이치픽스

국내 1세대 디자인 셀렉션 숍

About HPiX

2008년 탄생한 국내 1세대 디자인 셀렉션 숍. 에이치픽스는 박인혜 대표의 영어 이름 헬레나Helena의 'H'에 'pick'을 조합한 것으로 '헬레나가 선택한 아이템'이라는 뜻을 담고 있다. '공간을 구성하는 모든 것에 대한 새로운 시각'을 모토로 하는 에이치픽스는 영국의 핸드메이드 인형 브랜드 도나 윌슨Donna Wilson, 메누Menu 등을 국내에 처음 소개한 곳이기도 하다. 그 밖에도 덴마크의 뉴 스칸디나비안 디자인 브랜드 볼리아Bolia를 비롯해 바우하우스 오리지널 디자인을 생산하는 브랜드 텍타Tecta, 단테Dante에 이르기까지 유행이 지나면 쉽게 버려지는 제품이 아니라 오랫동안 함께하는 실용적이고 감각적인 제품을 소개하고 있다.

Brand history

- 텍타Tecta

  텍타는 '바우하우스의 후예'라고 불릴 만큼 바우하우스 오리지널 디자인을 가장 많이 생산하는 독일의 가구 회사다. 발터 그로피우스, 마르셀 브로이어, 루트비히 미스 반 데어 로에 같은 거장의 마스터피스를 재생산할 수 있는 디자인 라이선스를 30가지 이상 보유하고 있으며, 이곳의 가구는 대대로 내려온 전통적 크래프트맨십을 토대로 최신 소재와 기술력을 사용해 제작된다. 주력 제품은 캔틸레버Cantilever 체어(일반적으로 4개의 다리가 의자를 지지하는 방식이 아닌, 한쪽 면은 고정되어 있고 반대쪽 면은 공중에 떠 있는 형태의 의자)로, 전통 제작 시스템의 이점을 활용해 커스텀메이드 디자인이 가능하다.

- 볼리아Bolia

볼리아는 덴마크의 젊은 브랜드이다. 소파를 메인으로 집에 필요한 모든 가구와 액세서리를 생산하는 등 폭넓은 컬렉션을 가지고 있는데, 이는 국경을 뛰어넘어 재능 있는 디자이너와 적극적인 협업을 펼쳤기에 가능했다. 매 시즌 다채로운 제품을 생산하지만, 소량 생산을 원칙으로 하기에 큰 물류 창고가 없는 것이 특징. "똑같이 사는 사람은 단 한 사람도 없다"고 말한 라스 뤼시 한센Lars Lyse Hansen 대표가 내건 'Made for you'라는 슬로건에 따라 커스텀메이드 가구에 주력하고 있다.

- 단테 굿즈 앤 배즈Dante-Goods & Bads

2012년 아티스트 에일린 랑르터Aylin Langreuter와 산업 디자이너 크리스토프 드 라 폰테인Christophe de la Fontaine이 설립한 독일의 디자인 스튜디오. 실용성 너머의 특징들(감성, 습관, 추억, 취향)을 결합한 독창적 오브제와 제품을 만들고자 한다. 이를 위해 각 컬렉션에 창조적 영감을 주는 멘토를 섭외하고 면밀한 커뮤니케이션을 통해 그들의 감성, 습관, 기억이 제품과 디자인 속에 스며들게 하는 방식으로 작업을 진행한다. 주름 잡힌 룸 디바이더, 곡선으로 독특한 양감을 지닌 선반 시스템, 가죽과 유리를 결합한 랜턴 등 단테 굿즈 앤 배즈의 독창적이고 감성적인 디자인 언어를 지닌 제품을 소개하고 있다.

Point of view

에이치픽스 박인혜 대표는 외국의 뮤지엄과 핫 플레이스 등을 자주 다니면서 디자인의 흐름을 읽고 매 시즌마다 새로운 것을 시도하려고 노력한다. 그녀의 열정은 브랜드

선정에도 반영되어 에이치픽스의 셀렉션을 둘러보는 것만으로도 리빙 디자인의 전반적인 흐름을 알 수 있다. 텍타와 단테 굿즈 앤 배즈를 국내에 소개한 것도 이런 흐름을 반영한 브랜드 구성이었다. 캔틸레버 체어에 대한 트렌드와 니즈를 정확하게 파악하여 발 빠르게 국내에 소개, 리빙에 관심을 갖기 시작한 젊은 세대를 중심으로 마니아층을 확보하게 되었다. 누구나 원하는 정보를 쉽고 빠르게 얻는 세상이다 보니 큐레이션이 중요해질 수밖에 없는 리빙 시장에서 트렌드를 반보 앞서 읽어내는 편집 매장의 앵글이야말로 컨템퍼러리 리빙 디자인의 중요한 경쟁력이 아닐까 싶다.

More info

에이치픽스는 홈페이지가 잘 구성되어 있어 온라인 구매도 간편하다. 각 제품마다 디자인과 관련된 히스토리가 친절하게 담겨 있어, 내가 구입하고자 하는 제품에 대한 이해도를 높일 수 있다는 것도 장점.

Designer's pick

텍타의 D42 암체어. 이 제품의 디자이너인 미스 반 데어 로에의 팬이기도 하고, 캔틸레버 체어의 성수를 체험할 수 있어 선택했다.

070-4656-0175
서울시 용산구 이태원로 255-1 더엠빌딩 2층
hpix.co.kr
Instagram @hpixshop

텍타 D42 암체어

GRANIT

그라니트

북유럽풍 토털 홈 퍼니싱 브랜드

Brand history

1997년 스웨덴 스톡홀름에서 론칭한 브랜드. 유럽에 37개(2019년 기준)의 매장을 두고 있으며 마니아층이 있을 정도로 인기가 높다. 'Simply your life, more time to live(일상을 간소화하세요. 그리고 좀 더 진정한 삶을 즐기세요)'를 슬로건으로 실용적 상품을 제작하고, 이를 합리적 가격에 제공하는 것을 목표로 한다. 패션 업계에서 일했던 수잔 리엔버그Susanne Liljenberg와 아넷 영뮤스Anett Jorméus가 함께 스웨덴 디자인의 핵심 요소인 실용성, 품질, 아름다움에 근간을 두고 설립했으며 두 명의 설립자가 아이를 키우며 가정생활을 하던 주부인 만큼 미학적 가치보다는 기능적 합리성에 조금 더 무게를 두고 있다. 그레이, 블랙, 화이트 등의 뉴트럴 컬러를 주로 사용한다.

Point of view

아이를 키우면서 늘어나는 살림살이를 정리하는 방식과 수납에 대해 고민하다 자신의 이름을 딴 리빙 브랜드를 만들었다는 사연이 있는 만큼 수납과 관련된 제품이 잘 소개되어 있다. 북유럽 스타일의 수납 도구를 생각할 때 가장 먼저 떠올리는 이케아와 비교해보면 조금 더 에지 있고 내구성이 있는 제품군으로 가격대도 약간 높은 편이다. 매장 한편에 나무 박스와 식물을 활용해 쉴 수 있는 테라스를 만들고, 제품 디스플레이를 할 때에도 컨테이너를 재활용하는 등 식물이 함께하는 리빙 스타일링을 구경하는 재미가 쏠쏠하다. 또 라이프스타일의 진정한 변화를 이끌어낸다는 브랜드 철학을 뒷받침하기 위해 상품 제작부터 운송, 판매까지 '케어 프로그램'을 적용하는 점도 흥미롭다. 재활용 소재를 사용하고 자연 친화적 생산 방식 적용, 화학 물질 사용 지양, 사회적 기업에서 제품 생산 등의 요건을 지킨 케어 상품에는 하트 아이콘이 표시되어 있다.

More info

다양한 수납 도구와 문구류 등은 물론이고 말린 버섯이나 사과 같은 먹을거리도 판매하고 있어 스웨덴의 식문화도 경험할 수 있다.

Designer's pick

18ASS 벽걸이형 철제 바스켓. 와이어로 만든 제품들은 디테일에 신경 쓰지 않으면 저렴해 보일 수 있는데 그라니트 제품은 디테일과 마감이 훌륭하다. 특히 벽을 활용한 다양한 수납 아이디어 제품이 눈에 띄는데, 제품을 설치하는 것만으로도 인테리어 효과를 낼 수 있어서 좋다. 서재나 책상 위를 정리할 때 가장 많이 쓰게 되는 수납 박스는 그라니트 제품이 가성비 면에서 최고. 박스의 소재가 적당히 딱딱해서 형태를 그대로 유지할 수 있고, 박스 안에 든 물건을 표시할 수 있는 네이밍 부분과 박스에 붙은 가죽 느낌의 포인트 처리 덕분에 정성들여 만든 제품으로 보인다.

02-541-0099
서울시 강남구 도산대로15길 24 그라니트 플래그십 스토어
www.granit.co.kr
Instagram @granit_korea

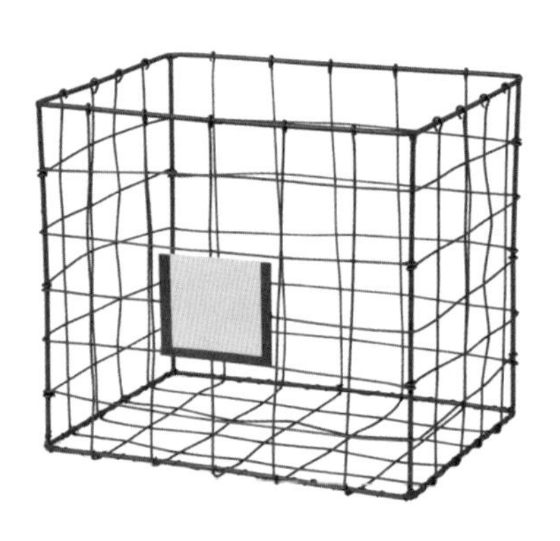

18ASS 벽걸이형 칠제 비스켓

DESKER

데스커

스타트업을 위한 오피스 가구 브랜드

Brand history

가구 회사 퍼시스그룹이 2016년 설립한 디자이너와 스타트업 사무실을 위한 가구 전문 브랜드. 디자이너 혹은 스타트업에서 일하는 사람들은 사무 공간에서 보내는 시간이 길고 디자인에 대한 기준이 까다롭기 마련인데, 이들을 위해 데스커는 공간을 효율적으로 사용할 수 있고 가격이 합리적인 사무용 가구를 만들고 있다. 불필요한 디테일은 과감히 생략한, 간결하고 실용적인 디자인의 제품이라 어떤 환경에도 자연스럽게 어우러진다.

Point of view

기능적이고 심플한 디자인에 가격도 합리적이라 많은 사람에게 추천하는 브랜드다. 서울 논현동 e-Design 사무실의 직원 공간에서도 데스커 책상을 사용하고 있는데 사무실을 방문하는 사람들의 상당수가 어떤 브랜드의 제품이냐고 묻곤 한다. 론칭한 지 얼마 안 됐지만 최신 오피스 트렌드와 환경을 고민한 면이 충분히 엿보이고 브랜딩을 명민하게 잘했다는 점에 높은 점수를 주고 싶다. 사무용 가구 브랜드로는 오랜 내공이 돋보이는 일룸과 퍼시스의 노하우를 담되, 젊은 층이 공감할 수 있는 합리적 디자인과 가격대라 선택의 폭이 넓어진 것 또한 장점이다. 신사동 가로수길에 있는 데스커 시그니처 스토어에 방문하면 각자의 라이프스타일에 맞는 오피스 제품과 공간을 경험해볼 수 있다.

More info

위아래로 움직이는 모션 데스크를 제외하면 사이즈에 따라 8만~20만 원대에 제품을 구입할 수 있어 가격 경쟁력이 높다.

Designer's pick

데스커의 모션 데스크를 사무실에서 사용하고 있다. 디자인이 간결해 어느 공간에나 잘 어울리면서도 세련된 느낌이어서 매우 만족한다. 게다가 요즘은 서서 일하는 것이 건강에 좋다는 인식이 확산되어 직원들도 모션 데스크를 즐겨 이용한다.

○⊃⊙
02-6205-1662
서울시 강남구 도산대로25길 21 데스커 시그니처 스토어
www.desker.co.kr
Instagram @desker_official

Motion Desk

無印良品

무인양품

단순함으로 완성하는 토털 라이프스타일

Brand history

대형 슈퍼마켓 체인인 월마트스토어스의 일본 자회사 세이유Seiyu 西友의 자체 브랜드로 1980년 탄생했다. 설립 당시에는 가정용품 9개와 식품 31개, 총 40개 품목을 저렴하게 판매하는 작은 생활 잡화 브랜드에 불과했다. 1983년 도쿄 아오야마에 직영점을 내고, 다나카 이코田中一光라는 크리에이터의 생활 미의식과 일본 유통 산업의 기업가 쓰쓰미 세이지堤清二가 협업을 진행하면서, 포장보다는 내용을 중시하는 '이유 있는 좋은 제품'이라는 이미지가 생겼다. 1988년에 양품계획良品計劃이라는 이름으로 독립한 뒤, 1990년 무인양품 브랜드의 영업권을 양도받아 독자적인 브랜드로서 영업 활동을 시작했다. 무인양품이라는 이름에서도 알 수 있듯이 '브랜드 없음'과 '좋은 물건'이라는 브랜드 콘셉트가 매우 명확하다. 생산 과정의 합리화로 가격은 낮추고 디자인은 심플하며 품질이 좋은 제품을 제공하는데, 그들이 말하는 간결한 제품이란 '텅 빈 그릇'과 같은 존재, 즉 단순하면서도 여백이 있어 사람들의 다양한 생각을 받아들일 수 있는 유연함을 말한다. 로고도 없고 유행에도 민감하지 않지만, 각자의 취향에 맞게 어디에나 쓸 수 있는 단순한 디자인과 유용한 스타일이 특징이다.

Point of view

좋은 품질과 합리적 가격, 유행을 타지 않는 디자인의 제품을 선보여 '똑똑한 소비'를 할 수 있게 해주는 브랜드다. 조리 도구나 생필품이 예쁘고 단정할 수 있다는 걸 알게 해준 브랜드. 인테리어 공사를 마치고 나면 고객과 함께 방문해 수납용품 등을 고르는데, 이를 계기로 무인양품의 팬이 된 고객이 많다. 베이식한 제품이라 어디에나 잘 어울리고 크게 유행을 타지 않아 한번 사면 오랫동안 사용할 수 있다. 내구성이 좋고, 일관된 디자인의 제품이 출시되기 때문에 지속적인 구입이 이루어진다. 수납 가구 등도 모듈이 잘되어 있어서 버리는 것 없이 계속 재활용이 가능하다.

무인양품 하면 가장 먼저 떠오르는 이미지는 PP(폴리프로필렌) 소재로 만든 서랍을 파티션으로 활용한 인테리어이다. 무인양품의 PP 서랍을 쌓아서 벽체를 만들고 그중 한 칸을 비워 조명을 세팅해서 그 자체가 파티션 역할을 하도록 한 것으로, 파티션을 양쪽 모두에서 사용할 수 있다는 점이 신선했고 디자이너로서 아이디어를 얻은 부분이기도 하다. 현재는 무인양품의 내추럴 베이식 인테리어 톤이 우리나라 인테리어 시장의 한 부분을 차지하고 있을 정도로 확실히 자리매김했다. 하이엔드 인테리어를 하는 이들도 베이식한 인테리어 아이템은 무인양품을 선택하는 일이 많은 편이다.

More info

무인양품의 철학을 그대로 보여주는 무지 호텔과 집도 있다. 그중 무지 하우스Muji house는 무인양품이 만든 스몰 하우스로, 꼭 한번 방문해보고 싶은 위시리스트 중 하나다. 이케아가 그렇듯 무인양품의 제품을 잘 선택하면 집의 분위기를 업그레이드할 수 있다. 침구류도 품질이 좋은 편인데 국내 표준 규격과 다르기 때문에 구입할 때는 사이즈를 반드시 확인해야 한다. 콤팩트한 사이즈의 화이트 컬러 가전제품도 인기를 끌고 있다.

Designer's pick

무인양품의 생활용품은 종류별로 다양하게 사용해봤다. 그중 실생활에서 가장 많이 활용하는 제품은 휴지통Dust Box이다. 휴지통은 대개 원형 디자인이 많은데, 무인양품의 휴지통은 직사각형이라 벽면에 밀착시킬 수 있어 기존 인테리어 라인을 해치지 않는다.

○⊃⊙

1577-2892

강남점

서울시 강남구 강남대로 426 무인양품

www.mujikorea.net

Instagram @mujikr

Dust Box

Vitra by chairgallery

비트라 바이 체어갤러리

명품 체어를 만나다

About chairgallery

2014년에 사업을 시작한 체어 갤러리는 해외 유명 디자인 업체와의 연계를 통해 세계적인 명품 가구를 직수입 · 판매 · 유통하는 곳이다. 현재는 해외 제품을 소개하는 것은 물론, 자체 디자인 개발을 통해 체어갤러리만의 가구를 선보이고 있다. 또한 국내 유명 인테리어, 디자인 업체 등과 연계하여 다양한 프로젝트를 진행하고 있다.

Brand history

- 비트라Vitra

  1934년 빌리 펠바움Willi Fehlbaum이 세운 스위스의 작은 비품 제조사에서 시작해 1950년 비트라로 이름을 바꾸며 가구 브랜드로 유명해지기 시작했다. 비트라가 추구하는 이상과 가장 부합하는 부부 디자이너 찰스 & 레이 임즈Charles & Ray Eames 가구의 유럽 판매권을 미국 허먼 밀러Herman Miller사로부터 인가 받고, 미국의 산업 디자이너이자 건축가인 조지 넬슨George Nelson의 가구를 제작하면서 글로벌 가구 브랜드로 성장했다.

  사실 비트라는 가구를 판매하기보다 디자인의 가치를 알리는 데 비중을 두는 회사다. 또 건축이 가진 의미를 중요하게 여겨 프랭크 게리Frank Gehry, 안도 다다오Ando Tadao, 자하 하디드Zaha Hadid 등 유명한 건축가에게 의뢰해 비트라 뮤지엄, 비트라 캠퍼스와 같이 브랜드 이미지를 높여주는 건축물을 완성했다. 이 중 비트라 뮤지엄은 1,600여 점의 가구가 전시된 공간으로, 전 세계 많은 이로부터 사랑을 받고 있다.

  비트라는 별도의 디자인 부서 없이 유명 디자이너들과 계약을 체결해

프로젝트로 진행하는데, 이는 틀에 얽매이기보다 디자이너 개인이 가진 개성을 존중하기 때문이다. 안토니오 치테리오, 헬라 융게리우스, 재스퍼 모리슨, 콘스탄틴 그리치치, 로낭 & 에르완 부훌렉 형제 등 스타 디자이너들과 협업을 통해 고가의 가구는 물론이고 상대적으로 저렴한 가격대의 액세서리류 등 다양한 제품 라인을 선보인다. 또 2004년부터 비트라 홈Vitra Home이라는 홈 컬렉션을 출시해서 개인의 취향에 맞는 제품을 콜라주할 수 있도록 했다.

Point of view

비트라 제품은 캐주얼하면서도 남성적인 선이 살아 있는 것이 특징이며, 여기에 가구 본연의 편안함이나 형태 등 기능에 대한 고민들이 충분히 담겨 아이코닉한 디자인으로 꾸준히 사랑받는다. 비트라 제품은 다른 브랜드와 조합했을 때 더욱 빛이 나는데, 이는 색다른 소재를 활용하거나 디자인을 변형하는 등 '디자인 회사'로서의 열린 사고 덕분이다. 2004년에 재스퍼 모리슨이 디자인한 코르크 패밀리Cork Family를 보면 비트라의 개성이 잘 드러난다. 와인병 마개를 제작할 때 버려지는 코르크를 분쇄하고 블록으로 압축한 뒤 스툴 형태로 만든 것인데, 자칫 둔탁해 보이거나 거부감이 생길 수도 있는 요소를 디자인의 힘으로 시크하게 만들어냈다. 비트라 뮤지엄은 인테리어를 공부하는 사람이라면 누구나 한번 가보고 싶어 하는 곳이다.

More info

비트라는 공간을 펑키하게 만들고 싶거나, 다양한 스타일을 믹스 매치하고 싶을 때 선택하는 브랜드다. 다만 최근의 인테리어 트렌드이기도 한 믹스 앤 매치 스타일을 위해서는 상당한 내공과 공부가 필요하다.

Designer's pick

포퇴이 드 살롱Fauteuil de Salon, 장 푸르베의 1939년 작품. 그의 디자인에서 두드러지는 구조적인 미학을 보여주는 전형적인 안락의자다. 의자의 디자인이 매우 절제된 형태로, 다양한 인테리어 스타일과 결합하면 더욱 빛을 발한다.

ㅇㄷㅇ
02-540-0194
서울시 강남구 삼성로149길 10 1층
www.chairgallery.co.kr
Instagram @chairgallery_official

Fauteuil de Salon

TWL

티더블유엘

일상에 충실한 생활용품

About TWL

그래픽 디자인 스튜디오 FNT가 2012년 시작한 티더블유엘은 'Things We Love(우리가 사랑한 것들)'의 줄임말이다. 내가 쓰고 싶은 물건, 즉 '좋은 일용품'에 대한 다양한 활동을 전개하는 생활용품 브랜드로, 생활에 활기를 불어넣는 '건전하고 충실한 생활용품'을 다룬다. 그래픽 디자이너 출신인 길우경, 김희선 공동 대표의 감수성이 돋보이는 흔치 않은 셀렉션과 국내 장인이 만든 생활 물건, 직접 제작한 제품까지 희소성 있는 제품을 둘러보는 재미가 쏠쏠하다. 초창기 일본 현지 장인들과 디자이너의 협업으로 만들어진 일본 브랜드 아즈마야Azmaya, 토보Tobo의 패브릭 백, 핀란드 패브릭 브랜드 라우펜Lapuan 등이 대표 제품이다.

Point of view

티더블유엘은 매장의 인포메이션 데스크가 바 형태의 커다란 아일랜드로 되어 있어 들어서는 순간 시선을 사로잡는다. 매장을 방문하는 모든 고객에게 차를 대접하는데, 사용하는 다기와 트레이는 실제 판매하는 제품으로 구입하기 전에 제품을 직접 체험해볼 수 있도록 고객을 배려한 것이다. 제품 신택의 기순도 남다르다. 디자인이나 기능보다는 직관적으로 내가 쓰고 싶은 물건인지 판단하고, 한두 개를 미리 사서 MD들이 실생활에 직접 사용해본 후, 실용성은 물론이고 쓸수록 정이 가는 물건이라고 판단될 경우에만 매장에 입고한다. 산지에 직접 찾아가 어떤 사람이 어떤 재료를 이용해 어떤 과정으로 만드는지까지 살펴볼 정도로 물건이 품고 있는 고유한 스토리와 경험을 고객과 공유하려는 노력이 돋보인다.

티더블유엘은 작가들과 협업해 기획 전시와 행사도 정기적으로 개최한다. 계절과 사람들의 관심사에 맞춰 주제를 정하고 이에 맞는 먹을거리를 준비하는 등 흥미로운 이벤트를 펼쳐 고객이 제품을 경험할 수 있는 기회를 제공한다. 1년에 두 번, 봄과 가을에 각각 '만춘장'과 '만추장'이라는 이름의 장터를 진행하는데 이때는 지난 시즌 제품, B급 제품, 촬영에 사용한 제품이나 샘플 제품 등을 저렴하게 판매하는 만큼 SNS에서 일정을 확인해보고 들러보길 권한다.

More info

티더블유엘은 젊은 층이 좋아할 만한 일본 그릇 라인이 잘 구비되어 있다. 감각적이면서도 손맛이 살아 있는 작은 그릇들이 특별한 느낌을 준다. 일본 제품이나 단정한 스타일의 아이템을 원할 때, 과하지 않게 정성과 감각을 드러내는 선물을 하고 싶을 때 방문하면 좋다.

Designer's pick

찬기나 개인 접시로 사용하기 좋은 작은 일본 그릇과 아즈마야의 버터 나이프, 젓가락 받침 등 식탁에 재미를 줄 수 있는 손맛 나는 제품들을 구입했다. 그중에서 치즈 나이프는 와인을 마실 때 치즈 플레이트 위에 올려두는 것만으로도 멋진 플레이팅 요소가 되는 제품이다.

ㅇㄷ⊙

02-6953-0151

서울시 종로구 율곡로 187 토토빌딩 1층

www.twl-shop.com

Instagram @twl_shop

Azmaya Cheese Knife

TEA

Texture shop

J'aime blanc

짐블랑

온 가족을 위한 토털 리빙 숍

About J'aime blanc

짐블랑은 2012년 3월에 오픈한 리빙 편집 숍으로 북유럽의 트렌디한 브랜드와 한국에서 만나기 힘든 해외 작가 브랜드를 소개하고 있다. 대중적 브랜드뿐 아니라 희소성 있는 브랜드의 제품을 짐블랑만의 감각으로 제안, 마니아층을 이끌고 있다. 여러 작가 혹은 브랜드와 협업해 색다른 전시나 행사를 기획하기도 한다.

Brand history

- 프라마Frama

  덴마크 코펜하겐에서 출발한 뉴 노르딕 테마의 컨템퍼러리 리빙 브랜드. 코펜하겐 쇼룸은 1800년대에 지어진 건축물에 내추럴한 마감과 기하학 형태로 포인트를 준 미니멀한 가구가 조화를 이루는 공간으로 꾸며져 있다. 프라마는 사각형, 원형, 삼각형 등 기본 도형을 기초로 한 심플한 형태와 원목, 가죽 등 소재가 자연스럽게 변하는 모습, 직관적인 디자인이란 3가지 원칙을 바탕으로 디자인한다. 재료가 가지고 있는 특성을 최대한 살려 컬렉션을 구성하며 색이 바래고, 벗겨지고, 때가 타는 것까지도 물건의 성격임을 강조한다.

- 쿤 케라믹Kühn Keramik

  독일과 프랑스에서 도예가로 살아온 베른하르트 쿤Bernhard Kühn이 1993년 독일의 스튜디오에서 자신의 오리지널 도자기 작품을 만들며 시작한 브랜드이다. 쇼룸 겸 작업실은 베를린 인근 크로이츠베르크Kreuzberg 지역의 오래된 약국을 개조한 장소로 베른하르트는 직접 핸드메이드 작품을 만들고 그의 아내는 쇼룸에서 판매를 맡고 있다. 비현실적인 도금 케이지부터 실용적인 찻잔까지 정형화되지 않은 핸드메이드 제품을 소개하는데, 자연스러운 질감과 위트 있는 디자인으로 유명하다. 국내에서는 손잡이를 진짜 금으로 도금한 머그로 많이 알려져 있다.

- 무토Muuto

2006년 론칭한 브랜드로 '새로운 관점', '변혁'을 의미하는 핀란드어 'muutos'에서 따온 이름이다. 미적 감각, 기능성, 장인 정신이 특징인 스칸디나비안 디자인의 전통에 뿌리를 두고 있다. 브랜드 이름에 걸맞게 미래 지향적인 소재와 기술, 대담한 창조적 사고로 전통적 가치를 재해석해 스칸디나비안 디자인에 대한 새로운 관점을 제시하고자 한다. 스칸디나비안 디자인 특유의 온화하고 부드러운 느낌의 무토 제품은 군더더기 없는 디자인이 특징. 감각적인 스타일과 친환경성, 올바른 브랜드 철학 등에 힘입어 길지 않은 역사에도 불구하고 세계적으로 주목받는 브랜드가 되었다.

Point of view

다양한 인테리어 제품을 소개하고 있지만 어린이 가구 부문에서 특별한 매력을 보여주는 곳이다. 어린아이와 부모의 감성을 모두 만족시켜주는 감각적인 매장 인테리어가 특징이다. 아이디어도 좋고, 바잉 제품은 물론이고 제작 가구도 소개한다. 아티스틱한 디자인으로 업계의 주목을 받고 있는 디자이너 브랜드를 수입해 다양한 브랜드와 협업, 전시를 펼쳤다.

More info

대중적인 브랜드와 희소성 있는 브랜드를 짐블랑만의 감각으로 큐레이션해 여타 편집 숍과는 다른 이미지를 구축해왔다. 디자인적으로 아름다운 것은 물론이고 실용적이며 품질이 우수한 가구부터 작은 소품까지 다양한 제품을 만날 수 있다.

Designer's pick

발레리 오브젝트Valerie Objects의 듀오 세트Duo Set. 두 명이 다른 방향을 보며 앉을 수 있는 체어 세트다. 체어에 앉는 두 사람 간의 상호 작용에 초점을 맞추었는데, 가구에 대한 디자이너의 접근법이 남달라서 애정이 가는 제품이다.

070-7794-0830
서울시 용산구 한남대로20길 21 대유빌딩 1~2층
www.jaimeblanc.com
Instagram @jaimeblanc_official

발레리 오브젝트 Duo Set

STANDARD.a

스탠다드에이

국내 수제 원목 가구 브랜드

Brand history

스탠다드에이는 국내 수제 원목 가구 브랜드로 2013년 론칭했다. 그해 6월 강원도 춘천시에 위치한 NHN연구소의 VIP 룸과 라운지를 위한 가구를 제작했으며, 2015년 세계적인 코스메틱 브랜드 이솝Aēsop이 북유럽 라이프스타일을 엄선해 국내에 소개하는 덴스크Dansk와 협업해 진행한 전시에 참여했다. 2017년에는 해외에서 가져온 손맛 나는 빈티지 제품을 전시·판매하는 파운드 오브제Found Object의 전시 가구, 강원도 산골 집처럼 소박하게 지은 스테이비욘드 살롱Staybeyond Salon의 숙소 공간 가구를 제작했다.

스탠다드에이는 '가장 정직한 첫 번째 제안'이라는 뜻으로 이름에서 보여지듯 담백하고 서정적인 정서가 풍기는 원목 가구를 만든다.

첫 번째로 제안하는 '가장 기본적인 스타일'이란 공간 속에서 가구 자체가 돋보이는 것이 아니라 사람과 장소에 의해 완성되는 가구, 장소에 스며들어 오랜 시간 함께 살아갈 수 있는 가구를 의미한다. 공간과 원만한 조화를 이루고 사용할수록 손맛이 들어 멋을 더해가는 가구 디자인을 추구하며, 따라서 모든 가구는 선 주문, 후 생산 방식을 택하고 순수 수작업으로 제작한다. 목재가 지닌 특성을 고려한 디자인과 세심한 마감 과정이 필요하기 때문에 제품이 완성되기까지는 다소 긴 시간이 걸리지만 고객의 만족도는 높다.

Point of view

스탠다드에이의 대표 의자인 Chair03과 나무 도마 등 오래된 공간에서 풀어내는 분위기와 공간에 대한 이해가 마음에 들었다. 하나하나 수작업으로 나무를 다루고 주문 제작 방식으로 만드는 게 쉬운 일이 아닐 텐데 자신들이 추구하는 철학이 확실하다는 게 느껴지는 브랜드다.

원목 제작 가구는 가격 부담이 있기는 하지만 대량 생산 제품에서는 절대 느낄 수 없는 목수의 개성이 만들어내는 따뜻한 감성이 있다. 또 2018년 복합 문화 공간인 피크닉Piknic에서 운영하는 카페의 가구를 만들면서 업계의 이슈가 되었는데, 18미터나 되는 길이의 테이블이 주는 웅장하면서도 날렵한 느낌이 색다르게 다가와 화제가 되었다. 이처럼 가정용 가구뿐 아니라 카페나 테일러 숍의 가구도 많이 만드는데, 일반 목공방에서 제작하는 가구처럼 뻔하게 예상되는 디자인과는 다른 스탠다드에이만의 개성을 확실히 담고 있다. 등나무 줄기를 엮어 만드는 케인 웨빙cane webbing 방식을 의자 등받이나 캐비닛 문에 도입해 디자인적 매너리즘에서 벗어나고자 노력하고 있고 목공방이라는 이미지에 머물지 않고 디자인에 대해서 고민을 많이 하는 브랜드라는 게 느껴진다. 제품에 대한 애프터서비스도 철저해서 고객의 신뢰가 높은 편이다.

More info

주문 후 생산하는 시스템이어서 고객과 일대일 맞춤 컨설팅이 가능하다. 오랫동안 사랑받아온 디자인으로 구성된 가구 리스트가 있어서 디자인 선택에 도움을 받을 수 있다. 기존 가구에 디자인을 추가하거나 변형해 제작하는 것도 가능하다.

Designer's pick

High Chest 03 수납장. 등나무 줄기를 엮어 만드는 케인 웨빙 디자인을 문에 적용해 변화를 시도한 수납장으로 간결하면서도 지루하지 않은 디자인 내공과 고급스러운 분위기가 느껴진다. 내부도 다양한 방식으로 수납할 수 있도록 서랍과 파티션, 유리 선반으로 구성되어 있고 원하는 대로 커스터마이징도 가능하다.

○⊃⦿

02-335-0106

서울시 마포구 잔다리로3길 10

wwww.standard-a.co.kr

Instagram @standard.a_furniture

High Chest 03

D&DEPARTMENT

디앤디파트먼트

유행에 좌우되지 않는 보편적인 디자인

Brand history

일본 무인양품의 아트 디렉터로 유명한 하라 겐야Hara Kenya와 함께 '하라디자인연구소'를 설립한 디자이너 나가오카 겐메이Nagaoka Kenmei가 2000년 론칭한 새로운 개념의 리사이클 숍. 우연히 리사이클 숍에서 가리모쿠 사의 K체어를 발견하고 그 디자인에 감동받은 나가오카 겐메이가 '롱 라이프 디자인'을 모토로 론칭한 디앤디파트먼트는 1960년대 일본 디자인을 재조명하는 '60비전' 프로젝트를 통해 유행이나 시대에 좌우되지 않는 보편적 디자인 제품을 선보인다. 생산 연대나 브랜드, 새 제품과 중고품에 구애받지 않고 전통적 방법으로 만들고 오랫동안 사용해온 것, 오늘날에도 디자인의 가치를 지닌 상품을 찾아내 소개한다.

Point of view

서울 이태원에 위치한 디앤디파트먼트 서울점은 한국적인 특징을 담은 색다른 콘셉트를 보여준다. 브랜드 명성만큼이나 제품도 다양하고 글로벌 감성을 담아 한국적인 것을 우리가 생각하지 못한 방식으로 세련되게 디자인해, 익숙하게 보아온 물건임에도 '아, 이런 게 있었어?' 하고 놀라는 경우가 많다. 이를테면 한국의 떡볶이 집에서 손쉽게 발견할 수 있는 초록색 서빙 접시 디자인을 차용한 아이템 등 우리에게는 익숙하지만 다른 나라 사람들의 시선에는 새롭게 느껴지는 것을 찾아내서 많은 사람의 관심을 받기도 했다.

디앤디파트먼트에는 개성 있는 수납 제품도 많은 편이다. 공간 인테리어를 살리면서도 효율적인 수납을 하기 위해서는 제품 한두 개로는 해결이 안 되는 경우가 많고, 같은 스타일이나 디자인의 제품을 어느 정도는 갖추고 있어야 활용도가 높고 시선 정리 효과가 있다. 일반 가구는 종류가 많은 편은 아니지만 테이블과 의자 등 자주 사용할 수 있는 베이식 제품을 갖추어놓았다. 실용적이면서도 디자인적인 책장을 찾는다면 일본 합판으로 만든 디앤디파트먼트의 모듈 책장을 추천한다. 공간 분할이 촘촘하고 개성 넘치는 색감이 눈에 띄는 책장이다.

More info

디앤디파트먼트에서 말하는 '롱 라이프 디자인'이란 '올바른 디자인을 판별하는 기준'으로 시간이 증명한 디자인, 생명이 긴 디자인 생활용품을 수집해 판매한다. 디앤디파트먼트 서울점은 일본과 세계에서 수집된 롱 라이프 디자인, 그리고 한국의 전통 공예품과 지역 특산물을 바탕으로 한 상품을 적극적으로 발굴해 소개한다. 또 상품과 생산자에 대한 이해를 넓히는 디.스쿨d.School 프로그램을 연중 운영한다.

Designer's pick

NPC 운반 박스. 디앤디파트먼트는 여러 제품 중에서도 수납 용품이 매력적이다. 다양한 디자인의 제품들이 갖춰져 있어서 다른 브랜드 제품과도 잘 어우러지며 캐주얼한 분위기를 연출할 때 적당하다.

ㅇㄷㅇ
02-795-1520
서울시 용산구 이태원로 240 지하 1층
www.d-seoul.mmmg.net
twitter @d_d_seoul

NPC 운반 박스

IKEA

이케아

집과 관련된 모든 것을 한곳에서

Brand history

이케아는 1943년 스웨덴 남서부 도시 엘름훌트Älmhult에서 가정용품을 판매하는 작은 회사로 시작했다. 당시 유럽은 가구를 물려 쓰는 것을 자랑스러워하는 분위기였기 때문에 대체로 권위를 상징하는 어두운 컬러에 클래식한 장식을 선호했다. 그러나 이케아는 삼림과 목재가 풍부하고, 밤이 길어 집 안에서 보내는 시간이 긴 북유럽 지역의 특징을 고려해 밝은색 나무를 사용해서 가볍고 실용적인 디자인 가구를 제작하기 시작했다. 이런 북유럽의 가구 문화가 서유럽이나 동유럽으로 전파되면서 이케아는 큰 성공을 거두게 된다. 이케아의 1세대 디자이너 길리스 룬드그렌Gillis Lundgren은 카탈로그 제품 촬영을 마친 나무 테이블을 자동차 트렁크에 넣을 수 없게 되자 테이블 다리와 상판을 분리하는 아이디어를 제안했고, 이로써 이케아는 제품의 파손을 줄이면서 이동 비용은 절약할 수 있는 조립식 가구를 선보이기 시작했는데, 이것이 현재 이케아 정체성의 기반이 된 플랫팩flat-pack이다.
오랜 시간 저렴한 가구의 대명사로 알려졌던 이케아는 더 이상 조립 가구만을 판매하는 기업이 아닌, 시대 변화를 빠르게 읽어내며 속도감 있게 변화하는 회사로 거듭나고 있다. 증강 현실 앱을 실현한 이케아 플레이스IKEA Place를 출시하고, 무선 충전이 가능한 가구를 선보이는 것은 물론이고 스마트 홈을 위한 주명 시스템도 출시했다. 또한 넓은 공간을 확보하기 위해 교외 지역에만 매장을 오픈하던 원칙을 버리고, 소비자의 접근이 수월한 다운타운 중심가에 이케아 스토리 룸을 오픈하며 고객에게 가깝게 다가가고자 노력하고 있다. 외부 디자이너와의 활발한 컬래버레이션 역시 눈여겨볼 만하다. 덴마크의 라이프스타일 브랜드 헤이Hay와의 협업, 영국의 세계적인 디자이너 톰 딕슨Tom Dixon과의 프로젝트 등도 인상적인 작업으로 평가받고 있다.

Point of view

대를 물려가며 오래 사용하는 가구는 아니지만 가성비가 좋아서 소비자층이 확고하다. 또 가구뿐 아니라 패브릭은 물론이고 크리스마스나 핼러윈 등 시즈너블한 분위기의 소품도 다양하게 내놓고 있다. 이케아만의 장점을 가장 잘 살린 아이템은 주방용품인데 디자인이나 디테일이 좋은 것은 물론이고, 특히 스테인리스 스틸 제품은 비싼 브랜드의 제품 못지않게 품질도 좋다. 이케아는 한국에 진출하기 앞서 한국인의 라이프스타일을 공부하기 위해 소형 아파트에 대한 연구를 많이 했다고 한다. 그래서인지 실제 아파트의 평형과 구조를 그대로 재현한 쇼룸에 좁은 베란다나 발코니를 활용하기 위한 제품들이 잘 갖춰져 있다. 국내 이케아의 매장은 모든 곳을 빈틈없이 계획된 인테리어로 꾸며 시즌별로 구경하는 것만으로도 도움이 된다. 게다가 가성비가 좋으니 제품을 구입해서 시즌에 맞게 스타일링을 해도 좋고, 매번 새로운 것을 구입하기 부담스러울 때는 아이디어만 차용해도 색다르게 공간을 꾸미는 데 도움을 받을 수 있다. 이케아 하면 그저 '가격이 싼 곳'이라고만 생각하는 사람이 많은데 디자인이나 소재가 다른 브랜드 제품과 비교해 떨어지지 않는다. 스타일링에 따라 에르메스 제품과 매치해도 절묘하게 어울릴 수 있다. 가격이나 브랜드에 상관없이 나만의 스타일을 만들 수 있는 것이 최고의 감각 아닌가.

More info

이케아의 가구 제품은 대부분이 조립식인데 우리나라 사람들은 이런 소비 형태에 익숙하지 않은 편이다. 손재주가 있어서 혼자서 조립에 성공하더라도 어느 한 부분씩

부족한 면이 보일 경우가 있다. 작은 체어나 간단한 테이블이 아니라면 이케아에서 제공하는 조립 서비스를 받는 것도 추천한다. 이케아의 조립 서비스는 배송 서비스를 신청한 경우에만 가능하며 제품 가격을 기준으로 요금이 책정된다. 현재는 서울, 경기 일부 지역에만 서비스되고 있다.

Designer's pick

Dalfred 바 스툴. 다른 브랜드에는 많지 않은 하이 체어 & 하이 테이블이 가격대별로 구성되어 있어 고르기에 좋다. 직접 사용해보았는데 제품력도 좋은 편이다.

1670-4532
경기도 광명시 일직로 17 이케아 광명점
www.ikea.kr
Instagram @ikeakr

Dalfred 바 스툴

BoConcept

보컨셉

어번 라이프스타일을 지향하는 데니시 브랜드

Brand history

보컨셉은 덴마크어로 리빙이라는 뜻의 'bo'와 콘셉트concept를 결합하여 만든 덴마크의 토털 인테리어 브랜드. 'Urban Danish Design'이라는 슬로건 아래 심플하면서도 기능적인 덴마크의 리빙 & 라이프스타일을 담은 현대적 디자인의 제품을 선보인다. 1952년, 캐비닛 공예 장인 옌스 에뢰욜 젠슨Jens Ærthøj Jensen과 태지 뫼르홈Tage Mølholm은 덴마크의 한 작은 공방에서 디자인적이고 합리적이며 기능적인 가구를 만들겠다는 신념으로 가구 사업을 시작했다. 소규모 가구 공장에서 시작했지만 훗날 세계적으로 영향력 있는 대형 프랜차이즈 기업으로 성장하겠다는 포부로 캐비닛, 침대, 월 시스템부터 보컨셉의 철학인 유연성과 실용성에 맞추어 모듈식 소파를 제작하며 제품군을 확장했다. 자유로운 조합이 가능한 모듈 시스템을 기반으로, 사용자 취향에 따라 다양한 분위기의 공간 연출이 가능한 보컨셉의 가구는 덴마크에서 디자인 작업과 생산이 모두 이뤄진다. 보컨셉의 디자인팀은 카림 라시드Karim Rashid, 프란스 슈로퍼Frans Schrofer, 모르텐 게오르그슨Morten Georgsen, 헨릭 페데르센Henrik Pedersen 등 덴마크 출신뿐 아니라 다국적 디자이너로 구성되어 있다.

Point of view

보컨셉은 북유럽 스타일의 가구 중에서 기능과 디자인, 두 가지 요소를 모두 잡고 싶을 때 찾게 되는 매장이다. 장식장과 테이블은 높낮이 조절이 가능하다거나, 수납 기능을 강조해서 다용도로 사용할 수 있도록 디자인한 제품이 많다. 타깃 소비자층이 넓은 만큼 소파의 가죽이나 패브릭 등도 하이엔드 브랜드보다 종류가 다양해 공간에 다양성을 적용하고 싶은 이들이 자주 찾는 곳 중 하나다. 특히 수납 기능과 디자인을 모두 갖춘 장식장이나 소파, 데이 베드, 리클라이너 등이 인기

제품. 오더메이드 방식으로 고객의 요구에 맞춘 제품을 컨설팅해주므로 나만의 개성 있는 공간을 꾸밀 때 추천할 만하다.

More info

인체에 무해한 친환경 제품만을 생산하는 보컨셉은 1993년 파리의 번화가에 브랜드 스토어 오픈을 시작으로 프랑스, 중국, 미국에 진출해서 현재는 전 세계에 다양한 형태의 매장이 존재하며, 70여 개국에 300개 이상의 매장을 가진 덴마크의 가장 글로벌한 가구 기업이 되었다.

Designer's pick

루비 커피 테이블Rubi Coffee Table. 높낮이를 조절할 수 있는 테이블이다. 거실에서 티 테이블로 사용하거나 노트북으로 일을 할 때 책상으로 사용할 수 있는 2가지 기능의 테이블을 찾는 사람이 많은데, 그들에게 이 루비 커피 테이블을 추천한다.

○ㄱ⦿
청담점
02-545-4580
서울시 강남구 삼성로 748

서래마을점
02-535-9393
서울시 서초구 동광로28길 2

www.boconcept.com/ko-kr
Instagram @boconceptkorea

Rubi Coffee Table

c and leather concept

NEW

SPACELOGIC

스페이스로직

실용 모던 디자인 가구를 선보이다

About SPACELOGIC

스페이스로직은 2002년 가구 컨설턴트가 설립한 수입 가구 회사로 실용성과 심미성을 갖춘 모던 디자인 가구를 선보인다. 기능성이 뛰어나며 생활에 편의를 더해주는 인체 공학 디자인 가구를 특화해서 소개하고 있다. 유에스엠USM처럼 용도와 공간에 맞춰 가구를 구성하고 변형할 수 있는 모듈러 시스템 가구, 건강은 물론이고 학습 및 업무 능률을 올려주는 몰 키즈 가구와 허먼 밀러의 인체 공학 오피스 퍼니처 등을 다루고 있다.

Brand history

- 유에스엠USM

  1885년 울리히 셰러Ulrich Scharer가 고안한 하드웨어 & 자물쇠 제조 회사로 출발했다. 대중에게 익숙한 모습으로 자리 잡게 된 건 손자 폴 셰러Paul Scharer와 건축가 프리츠 할러Fritz Haller가 합류한 1961년부터. 공장과 오피스를 짓고, 사무실에서 사용할 가구도 직접 제작했는데 이때 개발한 가구가 할러Haller 시스템이다. 마치 화학 분자 구조를 보는 듯 볼(크롬)과 라인(튜브), 면(금속 패널)으로 이뤄진 모듈러 가구는 사용자의 공간과 목적에 따라 원하는 크기와 색상으로 설치하고, 도어를 달거나 수납 유닛을 골라 자신만의 가구를 맞춤 제작할 수 있다. 유에스엠은 다른 브랜드처럼 새로운 디자인을 내놓는 대신 기존 모듈러 가구를 보다 유용하게 사용할 수 있는 방법에 관심을 갖는다. 2017년에는 할러 시스템에 적용 가능한 조명등을 개발했는데 디스플레이 효과를 높여주고, 어둡거나 흐린 날에는 물건을 손쉽게 찾을 수 있는 것이 장점이다.

- 몰Moll

  1925년 독일 그뤼빙엔Gruibingen 지방의 몰Moll 가문이 세운 가구 공장에서 시작된 브랜드로, 1974년 세계 최초로 높낮이 및 책상 상판의 각도가 조절되는 기능성 책상을 제작했다. 이후 몰은 어린이의 바른 자세를 유도하고 능률적인 학습 환경을 만들어주는 인체 공학 전문 가구 브랜드가 되었다.

- 토넷Thonet

  토넷은 일명 '카페 의자'로 유명한 No.24 의자를 개발한 독일 출신 가구 장인 미하엘 토넷Michael Thonet이 만든 가구 브랜드. 1849년 설립 후 1859년 세계 최초로 나무를 구부리는 곡목 기술을 개발해 토넷 의자를 만들었으며, 이로써 단일 가구 대량 생산의 초석을 다졌다. 토넷 의자는 모던 가구 디자인사의 가장 빛나는 아이콘으로 불린다. 당시만 해도 가구를 만드는 목수나 공방은 있었지만 가구를 브랜드화한 것은 토넷이 최초이다. 1920년대에는 독일의 바우하우스 디자인 시대에 탄생한 튜블러 스틸 가구를 제작하며 또 한 번 혁신적인 모던 가구 시대를 열었다.

Point of view

유에스엠은 기존의 모듈형 혹은 철제 가구가 값싸고 품질이 떨어진다는 인식을 단번에 바꾼 브랜드로 고급형 가구의 소재에 대한 폭을 넓히는 데 일조했다. 컬러가 강한 제품도 상당히 많은데 강한 색감을 촌스럽지 않게, 오히려 멋스럽게 사용할 수 있는 아이디어를 제공해 성인용 가구뿐 아니라 아동용 가구로도 인기가 높다.

모듈 가구는 정해진 형태가 없기 때문에 전체적으로 자유롭다는 느낌을 준다. 사무실에서도 유에스엠 제품을 수납용 가구로 사용하고 있는데, 구입하기까지 상당히 오랜 시간 고민을 했다. 어떤 컬러의 제품을 어떤 모양으로 조합할 것인지 생각하는 데도 긴 시간이 걸렸다. 유에스엠은 모듈 형태라는 것만 강조하는 게 아니라 기능성에서도 뒤지지 않는다. 앵글처럼 생긴 철제 봉의 디테일은 섬세하고, 수납 가구의 문을 열어서 책상으로 사용할 수 있도록 만든 하드웨어도 감탄스럽다. 또 가구와 함께 매칭하는 펠트 수납함이나 스크린 등도 고급스러움을 더해준다. 그 외에도 스페이스로직에서 취급하는 제품은 유에스엠처럼 유동성에 대한 고민을 담은 브랜드의 제품이 주를 이루고 있다.

More info

2015년 이후 미드센트리 모던 클래식의 진수라 불리는 찰스 & 레이 임스 컬렉션과 에르고노믹(인간 공학) 오피스 퍼니처를 전문적으로 선보이는 미국의 가구 브랜드 허먼 밀러Herman Miller의 라이프스타일 제품군을 공식 론칭하여 홈 & 오피스를 아우르는 리빙 숍의 면모를 갖췄다.

Designer's pick

Inos C4 box set(closed). 간단한 서류를 분리해 수납하기 편하고 철제의 마감 상태도 만족스럽다. 서랍 앞에 끼우는 태그와 플라스틱 케이스도 있어 정리의 욕구를 배가해준다.

○ㄷ⦿
02-543-0164
서울시 강남구 삼성로 754 J&K빌딩 2F
www.spacelogic.co.kr
Instagram @spacelogickorea

USM Inos C4 box set(closed)

s.houz

에스하우즈

북유럽 가구 입문자에게 추천

About s.houz

에스하우츠는 2016년 덴마크 몬타나Montana, 캐나다 거스 디자인 그룹Gus Design Group과 한국 시장 독점 공급 계약을 맺으며 시작한 가구 편집 숍이다. 이인선 대표는 20년간 가구 브랜드를 매니징하며 쌓아온 경험을 토대로 에스하우츠를 설립했으며, 한국에 덴마크의 휘게hygge 라이프스타일을 전파하고자 한다.

Brand history

- 몬타나Montana

  세계적 가구 브랜드 프리츠 한센의 최고 경영자 출신인 피터 라슨Peter J. Lassen이 1982년에 설립했다. 심플함을 추구하는 디자인 철학과 5.7cm 단위의 수학적 비례를 반영한 시스템 모듈 가구로 36개의 유닛, 4가지 깊이, 색채 전문가가 표현한 42가지 컬러를 조합해 벽면에 설치하거나 모듈을 쌓아 완성할 수 있다. 사각형 모듈이지만 장인이 모서리를 직접 둥글게 마감해 고급스럽고 부드럽게 느껴진다. 또 덴마크 환경보호 단체와 오랜 기간 협력을 지속해온 몬타나는 제품에 대한 환경적 책임을 생각하는 넨마크의 첫 브랜드로, 2007년 이후로는 냄새가 나지 않고 본드와 같은 용제를 첨가하지 않은 고급 수성 도장을 사용해 환경을 고려하는 착한 브랜드로 알려졌다. 설립 이후 지금까지도 덴마크 생산 방식을 고수한다.

- 거스Gus

  1900년대에 유니버셜 상점으로 시작해서 2000년에는 온라인 소매

업체를 인수하고, 2001년도에 거스Gus로 상호를 변경한 캐나다 가구 브랜드. 현대 가구 디자인의 정점이라 불리는 미드센트리에 영감 받은 디자인에 합리적인 가격의 제품을 만들고 있다. 자체 디자인으로 모든 공간에 거스 특유의 미니멀함을 구현, 유행에 휩쓸리지 않고 나만의 편안한 공간을 구성할 수 있게 돕는다. 코펜하겐에서 유학한 디자이너들이 제작하여 북유럽 디자인 가구와 훌륭한 조화를 이루는 것이 특징. 북유럽풍으로 디자인한 공간에 앳 우드Atwood 소파가 단골로 등장하는 이유다. 가구 제작에 필요한 목재를 직접 가꾸고 품질을 증명하는 FSC(국제산림관리협의회) 인증을 받은 우드 프레임을 사용하는 등 환경 윤리적인 경영을 추구하는 브랜드이기도 하다.

Point of view

몬타나 제품은 사용 공간에 대한 제약이 없다. 같은 모듈이라도 어디에 놓고 어떻게 사용할지는 사용자가 정한다는 원칙 아래 원하는 방식으로 공간을 꾸미고 나만의 스타일을 표현할 수 있도록 한, 철저히 사용자 중심 가구이다. 색감이 선명하고 아름다운 반면 36개의 유닛, 4가지 깊이, 42가지 컬러를 조합하기가 쉽지 않기 때문에 전문가의 도움을 받는 게 좋다. 색감을 과감하게 선택해 높낮이나 두께 등 비율을 다양하게 조합한 모듈 가구를 한쪽 벽면에 배치하면 공간 안에서 그 자체로 하나의 오브제 역할을 한다.

거스의 앳 우드 소파는 가격이 합리적이어서 신혼부부나 북유럽 인테리어에 입문하는 사람들에게 인기가 높다. 일반 패브릭 소파는 가격 경쟁력을 높이려 보이는 곳에만 원목을 사용해서 내구성에 문제가 생기기 쉬운데, 거스 제품은 소파 프레임과 하부 등에도 원목을 사용하기 때문에 오랫동안 안심하고 사용할 수 있다.

More info

몬타나는 친환경적인 생산 공정을 통해 어린 자녀들도 안심하고 쓸 수 있는 제품을 만든다. 벽면에 다는 방식 외에도 다리를 부착할 수도 있고, 바퀴를 달아 공간의 제약 없이 원하는 가구를 배치할 수 있다.

Designer's pick

몬타나 노트Note. 모듈 선반처럼 보이지만 평소에는 도어를 닫은 상태로 소품을 수납할 수 있고 간단한 작업이 필요할 때는 하단장의 선반을 내려 책상처럼 사용할 수 있어서 침실 한쪽에 미니 서재 같은 공간을 꾸밀 수 있다.

02-595-1159
서울시 서초구 사평대로 64 1층
www.s-houz.com
Instagram @s.houz

몬타나 Note

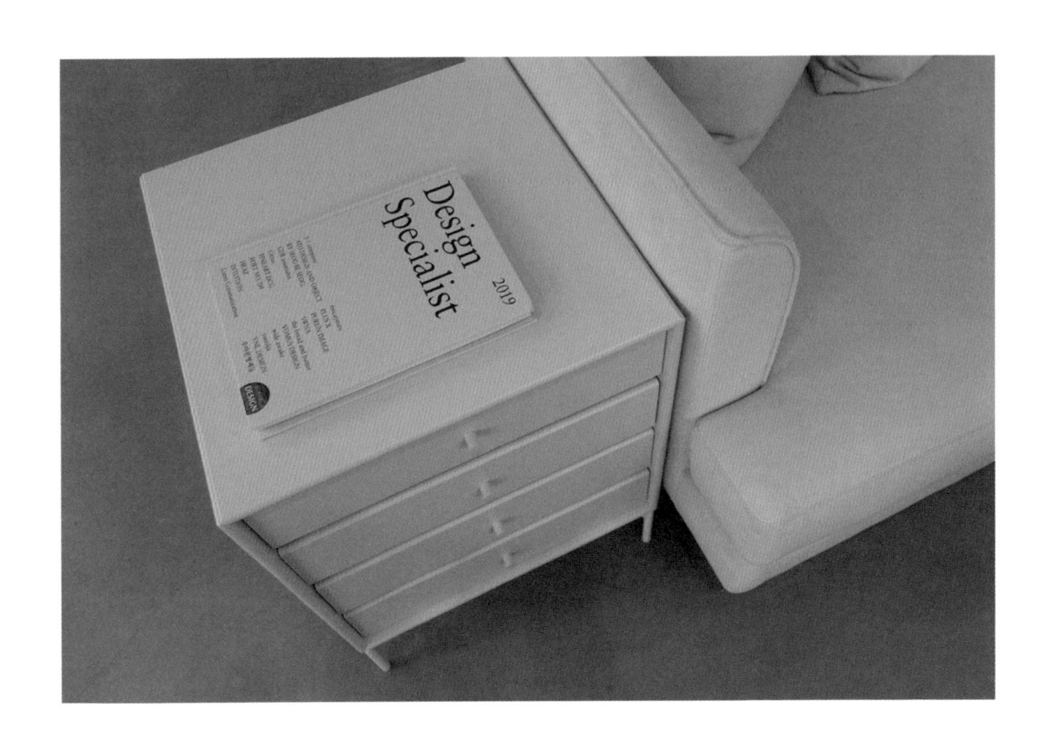
Design
Specialist
2019

Montana

GaReem Herman Miller

가림 허먼밀러

오피스 환경을 재창조하다

About Gareem

미국 가구 회사 허먼밀러Herman Miller의 오피스 라인을 국내에 소개하는 가림은 2005년 설립되어 외국계 기업과 국내 기업을 위한 오피스 가구를 선보여왔다. 허먼밀러 제품을 주축으로 테이블이나 선반 등의 다양한 상품을 갖춘 곳으로, 홈 오피스 인테리어를 계획하고 있다면 방문해보기를 권한다. 가구 외에도 컴퓨터 모니터 받침 등 오피스 전용 하드웨어나 액세서리를 다양하게 갖추고 있어 한 매장에서 오피스 관련 모든 제품을 구입할 수 있다는 것도 장점이다.

Brand history

- 허먼밀러Herman Miller

  허먼밀러는 1923년 설립된 미국의 가구 회사다. 전통 목재 가구를 만들던 작은 회사에서 시작해 산업 디자이너 길버트 로데Gillbert Rohde와 손잡고 기능적 사무 가구로 영역을 넓혔다. 1945년 조지 넬슨George Nelson을 디렉터로 영입하면서 찰스 & 레이 임스Charles & Ray Eames, 이사무 노구치Isamu Noguchi 등 유명 디자이너와 협업해 모던 가구를 선보인다. 다양한 형대의 임스 체어로 모던 디자인의 아이콘을 확립, 이후 오피스 환경을 재창조한 '액션 오피스'의 개념을 만들고 인체 공학 사무용 의자 중 베스트셀러인 '에어론Aeron 체어'를 출시하며 최고의 오피스 가구 브랜드가 되었다. 최근 가정용 가구 컬렉션을 확장하기 위해 조지 넬슨의 가구를 재생산하고 있다.

Point of view

허민밀러는 인체의 자세, 가구의 소재에 대한 연구 데이터가 축적되어 있는 명실상부한 오피스 가구의 톱 브랜드다. 사람들이 앉아서 일할 때 팔걸이는 어느 정도 움식여야 하며, 뒤로 넘어가는 각도는 어느 정도가 안전하고 편안한지 등을 세심하게 체크해서 제품을 생산하는데, 에어론Aeron 체어는 그 노력의 결실이라 부를 만한 제품이다. 에어론 체어는 이름에서 보이듯 공기처럼 편안한 디자인이 특징으로, 인체 공학자를 비롯해 정형외과 전문의, 물리 치료사 등 관련 분야의 전문가들이 설계에 참여한 것으로 유명하다. 장시간을 의자에 앉아 있는 이들은 가격뿐 아니라 오래 앉아 있어도 편안한 기능성과 인테리어를 해치지 않는 디자인의 심미성을 두루 따지는데, 허먼밀러 체어는 많은 크리에이터나 디자이너로부터 선택을 받은 의자로도 인기가 높다.

More info

가림에서는 허먼밀러 외에도 앤드류 월드Andreu World, 크리스탈리아Kristalia 등 이탈리아와 스페인 지역에서 수입한 유럽 가구도 만날 수 있다.

Designer's pick

허먼밀러의 세일Sayl 체어를 사무실에서 사용하고 있다. 미국 샌프란시스코의 금문교에서 영감을 받아 등판 부분을 탄력성 있는 실리콘 소재의 그물을 사용해 Y자형으로 디자인해 쾌적하면서도 편안한 착석감을 보여준다. 세계적 산업 디자이너 이브 베하Yves Behar가 만들었는데, 군더더기 없는 일체형에 뒤 라인과 옆 라인 모두 세련되어 디자인 관련 업무를 하는 사무실에서 많이 사용한다.

ㅇㄱㅇ

02-540-5433

서울시 강남구 논현로 733 천조빌딩 2층(논현동 쇼룸)

gareemshop.com

Instagram @gareem_tnd

Sayl Chair

Prosperity

Eras of Change
Era of Industry
Era of Information

or.er. Archive

오르에르 아카이브

무용의 아름다움을 정의하다

About or.er. Archive

서울 성수동의 부흥을 이끈 스튜디오 자그마치Studio ZgMc에서 인쇄 공장이던 건물을 리모델링하여 오픈한 리빙 문화 공간이다. 스튜디오 자그마치는 공간 기획과 브랜딩, 콘텐츠를 다루는 디자인 컨설턴트 회사로 김재원 대표와 그의 스승이자 조명 전문가인 정강화 교수가 운영한다. 현재 건국대 디자인학부에서 겸임 교수와 부교수로 재직 중인 두 사람은 디자인 강연을 위해 문을 연 복합 문화 공간 자그마치를 시작으로, 정원이 아름다운 카페 오르에르, 리빙 편집 매장 더블유디에이치W×D×H, 오르에르 아카이브까지 네 개의 숍을 선보이며 복합 문화 공간을 완성했다. 이 중 오르에르 아카이브는 김재원 대표의 색깔이 가장 진하게 녹아 있는 공간으로 그가 디자인을 공부하며 모아온 수집품을 선보인다.

오르에르 아카이브는 비일상적이고 명확한 용도가 없는 물건들, 예를 들어 주물, 다양한 질감의 종이, 광물 등 김주원 대표가 직접 수집한 제품을 전시·판매한다. 단순히 물건을 판매하는 곳이 아니라 고객이 방문했을 때 어떤 느낌이나 태도를 경험하는 공간이기를 바라며 만들어진 오르에르 아카이브. 이곳에 전시되기 위한 가장 중요한 기준은 모든 물건이 아름다움 자체로 제 역할을 해야 한다는 점이다. 집에서 기르는 식물이나 강아지처럼 함께 살아가는 존재라는 관점으로 물건을 바라보고, 특별한 기능이 없어도 형태나 컬러만으로 어떤 즐거움을 줄 수 있는 물건이라면 그 가치가 충분하다고 말하는 곳이다.

Point of view

오르에르 아카이브는 성수동에 가면 한 번쯤 찾아가봐야 할 장소다. 물건이 가진 아름다움과 이야기 자체에 의미를 부여하는 방식, 여백을 살려 전시한 공간 등을 눈여겨보면 좋다. 더블유에이치디 역시 스튜디오 자그마치에서 오픈한 리빙 공간인데, 오르에르 아카이브가 공예적인 느낌을 살린 공간이라면, 더블유에이치디는 실용적인 리빙 숍이다. 오르에르 아카이브는 대량 생산 제품이나 실용적인 인테리어 용품을 파는 장소가 아니므로 물건에 대한 애정과 자신만의 감각, 이야기를 담아 물건을 봐야 하는 곳이다. 스타일링을 할 때 마지막 정리하는 느낌으로 찾기 좋은 숍이다.

More info

오르에르 아카이브 3층에는 '포인트 오브 뷰'라는 고급 문구 편집 숍이 있다. 종이와 필기구 같은 기능적인 문구부터 영감을 일으키는 오브제까지 폭넓게 다루고 있는 곳으로, 김재원 대표가 모은 영국 앤티크 가구를 블랙으로 도장해 연출한 인테리어가 감각적이다. 디자인은 물론이고 탄탄한 제품력을 자랑하는 필기구, 카드 홀더, 모래시계, 문진 등 보기만 해도 행복해지는 오브제가 많다.

Designer's pick

일본 작가의 조명. 하나밖에 없는 제품이라 특별해서 좋다. 여유 있는 공간의 한편에 이 조명을 늘어뜨리고 조그마한 원목 의자를 하나 매치시키는 것만으로 호젓한 사색의 공간을 완성할 수 있다.

○ㄱ⦿
02-467-0010
서울시 성동구 연무장길 18 3층
Instagram @orer.archive

일본 작가의 빈티지 조명

GERVASONI

제르바소니

130년 전통의 내추럴 스타일 이탈리아 가구

Brand history

130년 역사의 이탈리아 가구 브랜드로 1882년에 설립, 현재 3대에 걸쳐 역사를 이어오고 있다. 리넨, 우드, 면 등 자연에서 온 소재로 편안한 분위기의 가구를 만들어 사랑받아왔다. 이탈리아 출신 가구 디자이너이자 건축가인 파올라 나보네Paola Navone가 아트 디렉터를 맡아 동양과 서양, 과거와 현재를 아우르는 브랜드 아이덴티티를 만들어내고 있다. 시그니처 컬렉션인 고스트Ghost, 브릭Brick, 넥스트Next, 문Moon, 모어More, 인아웃Inout 컬렉션 등은 세계 유수의 고급 주거 공간 프로젝트에 사용되며, 2016년 한국에 정식 론칭해 다양한 프로젝트를 선보이고 있다.

Point of view

이탈리아 해변의 소박한 리조트에 온 듯, 내추럴하고 편안한 매력이 돋보이는 브랜드다. 컬렉션마다 컬러의 어우러짐이 좋고 캐주얼하면서도 친근한 분위기를 준다. 단순한 라인의 디자인에 컬러 톤이 고급스럽고 다른 소품 가구들과의 어울림이 이국적이다. 제르바소니는 탁월한 디자인의 가구 하나를 내세우기보다 브랜드 전체 이미지를 고려해 제품을 디자인한다. 3~4년마다 바뀌는 트렌드보다는 130여 년간 이어온 제르바소니의 일정한 톤과 분위기를 더 중요하게 생각하는 것이다. 화이트 컬러를 써도 단순히 '깨끗한 흰색'이 아니라 나무의 질감이 느껴지는 자연스러움을 살릴 줄 아는 브랜드다.

More info

소재에 대한 실험 정신이 강한 브랜드답게 라탄, 알루미늄, 양피지, 월넛 등 여러 재료를 사용하고 제품 표면에 변화를 주어 독특한 개성을 부여한다. 제르바소니 가구를 하나로 묶는 메인 콘셉트는 '편안함'으로 휴식을 위해 매일 사용하면서도 더 나은 분위기를 위한 것들을 선보인다.

Designer's pick

1인 고스트Ghost 소파. 고객의 스튜디오를 스타일링하면서 무인양품의 수납 가구에 제르바소니의 화이트 고스트 소파를 매치했다. 슬립 커버 스타일이라 커버를 바꿀 수 있고, 내추럴한 리넨의 톤도 매력적이다. 커버링 테두리의 노출 바이어스 컬러를 다르게 매치한 것도 색다른 느낌을 준다.

○⊃◉
070-4209-0827
서울시 강남구 논현로133길 8
www.gervasoni.co.kr
Instagram @gervasoni_korea

Ghost 소파

Moissonnier

무아쏘니에

클래식은 영원하다

Brand history

1885년 프랑스 브르겅 브레스Bourg-en-Bresse 마을에서 가구 제작자인 에밀 무아쏘니에Emile Moissonnier가 작은 가구 공방을 연 것이 무아쏘니에의 시작이다. 이후 아들 가브리엘Gabriel과 손자 장루Jean-Loup를 거쳐 현재 오너 장프랑수아Jean-Francois까지 이어져오고 있는 가족 기업으로, 오랜 경험과 수공예 기술을 바탕으로 21세기식 프랑스 앤티크 가구를 선보인다. 심플한 디자인의 가구를 선호하는 이들도 무아쏘니에 가구는 집 안에 한두 점 정도는 들이고 싶다고 욕심낼 만큼 섬세한 조각과 미묘한 색감이 매력적이다. 독특한 색채 기법이 특징인데, 이는 장루가 개발한 파티나Patina 기법(로코코 스타일을 표현하고 세월의 흔적을 만들어내기 위해 가구에 벌레 먹은 자국이나 흠집을 내는 페인트 기법) 덕분이다. 한국의 무아쏘니에는 2004년에 프랑스 무아쏘니에와 동남아시아 지역 독점 계약을 체결하고 서울 삼성동에 아시아 최초로 대리점을 오픈한 후 현재에 이르고 있다. 소비자가 원하는 다양한 색상과 사이즈의 가구를 맞춤 제작하는 방식을 고수하며, 한 개의 가구가 한 사람의 장인에 의해 완성된다.

Point of view

오래전 블랙으로 도장한 무아쏘니에의 체스트를 접했다. 아주 클래식한 라인이었는데 금색으로 포인트 장식이 되어 있어 굉장히 강렬한 인상을 받았다. 당시만 해도 디테일이 정교한 가구가 많지 않은 시절이어서 도장과 마감 디테일이 독보적인 체스트를 통해 큰 감흥을 받았던 기억이 있다. 요즘은 한 가지 스타일만 고집한 공간보다는 나만의 감각을 드러낼 수 있도록 믹스 매치한 공간이 인기를 얻고 있다. 심플한 공간에 클래식한 가구를 한두 점 믹스 매치하고 싶을 때, 무아쏘니에는 추천할 만한 브랜드다. 무아쏘니에의 가구는 프랑스 특유의 웅장하고 고풍스러운 디자인이지만 한국적인 공간에도 무척 잘 어울린다. 한옥의 선이나 서까래 등으로 간결하고 심플하게 꾸며진 공간에 무아쏘니에 가구를 매치하면 동서양의 클래식이 조화롭게 어우러지는 느낌을 받을 수 있다.

More info

3대째 이어지는 무아쏘니에 가구는 목재만을 선별하는 장인이 엄선한 자재를 수년간 자연 건조시켜서 만들기 때문에 내구성이 견고하다.

Designer's pick

테두리가 얇은 그릇 수납장. 클래식한 디자인이지만 모던한 공간 안에서도 잘 어우러진다. 그릇 대신 다른 아이템을 수납해 다양한 이미지를 연출할 수도 있다.

ㅇㄷㅇ
02-515-9556
서울시 강남구 양재천로 191 동화빌딩 1층
www.moissonnier.co.kr
Instagram @moissonnierkorea

그릇 수납장

WIE EIN KINO

비아인키노

개성 있는 라이프스타일을 제안하다

Brand history

독일어로 '영화처럼'이라는 의미를 가진 비아인키노는 2014년에 론칭한 국내 제작 가구 브랜드다. 성인 가구 라인 WEK, 아이들에게 최대한 해롭지 않은 재료를 사용하고 벤저민 무어 친환경 도장재로 아름다운 색감을 완성하는 키즈 라인 WEK KIDS, 그리고 반려동물의 라이프스타일까지 고려해서 만든 반려동물 가구와 소품 라인 WEK PET으로 구성되어 우리 가족의 라이프에 맞는 제품을 한곳에서 통일성 있게 구입할 수 있다. 같은 물건이라도 공간에 따라 다른 모습을 나타낸다고 생각해서 단순한 쇼룸 형태의 매장이 아닌, 복합 문화 공간이라 부를 수 있는 독특한 콘셉트의 매장을 오픈했다. "가구든 책이든 무언가를 구입하는 행위의 기본 전제는 모두 같다. 이는 바로 내 가치관, 생각이 모여 취향을 나타내는 것이다"라는 김수진 대표의 말처럼 취향과 가치관, 라이프스타일을 중심으로 책과 커피, 여백과 컬러 등의 요소를 가구와 함께 제안한다.

Point of view

키즈 제품으로 시작, 2015년 그야말로 혜성처럼 등장했다. 기존에 출시된 가구에 비해 컬러를 과감하게 사용하고 디자인이 다양해서 여러 브랜드가 모여 있는 '서울리빙디자인페어' 자리에서 더욱 빛을 발했다. 크바드랏Kvadrat(덴마크의 유명 패브릭 브랜드. 프리츠 한센, 비트라 등의 인테리어 브랜드는 물론이고 오디오 브랜드 뱅앤올룹슨, 자동차 브랜드 BMW, 레인지로버 등에서도 크바드랏의 원단을 내장재로 사용하고 있다) 원단을 전 세계에서 리테일로 가장 많이 판매하는 업체다. 이는 그만큼 패브릭을 활용한 가구의 인기가 높고, 판매도 많이 한다는 의미이다. 지금은 자체 디자인팀에서 디자인을 담당하고 있지만,

앞으로는 다양한 디자이너와 컬래버레이션을 통해 디자인을 발전시킬 계획이라고 하니 향후 행보가 더 기대되는 브랜드이다.

More info

2014년부터 시작해 역사가 길지 않은 브랜드인데도 많은 사람에게 어필하고 있다. 비아인키노의 브랜드 로고에 사용한 폰트도 인기에 큰 영향을 주었다. 새로 오픈한 서울 청담동 매장에는 개성 있는 원두 블렌딩을 자랑하는 '라이프 커피LiFE Coffee', 정지돈 작가가 큐레이션한 책을 휴식과 함께 즐길 수 있는 '라이프 북스LiFE Books'가 함께 자리하고 있다.

Designer's pick

공간의 어디에 두어도 어울리는 셜록 데이 베드Sherlock Day Bed. 쓰임새가 많은 가구인 데이 베드를 거실 한쪽, 침대 옆 창가, 서재의 책상 옆, 현관 등에 두면 공간이 한결 풍성해지는 느낌이 든다. 비아인키노 데이 베드는 컬러가 다양해 공간이나 용도에 맞춰 선택하기 좋다.

ㅇㄷㅇ
1899-6190
서울시 강남구 선릉로 741
www.wekino.co.kr
Instagram @wekino

Sherlock Day Bed

WIE
EIN
KINO
LOUNGE
WEK
PET
LiFE BOOKS
LiFE COFFEE

Parnell

파넬

컨템포러리 클래식 가구 브랜드

About Parnell

1979년 하우징에 관련된 제품을 수출입하는 무역 회사로 시작하여 1990년대 들어서 가구 사업을 하는 회사로 변모했다. '파넬Parnell'이라는 이름은 이들이 실제로 뉴질랜드의 오클랜드에 거주하면서 파넬 스트리트Parnell Street와 그 근처의 앤티크 숍에서 구매한 제품을 리프로덕션 하면서 시작했다는 의미가 담겨 있다. 현재 파넬은 프랑스 수입 가구인 몽티니Montigny, 호주 수입 가구인 하버Harbour와 트리뷰Tribù, 그리고 자체 제작 가구를 생산하고 있으며 특히 프랑스의 몽티니와 파넬이 함께한 키즈 컬렉션을 출시하면서 사업을 넓히고 있다. 클래식 스타일에서 올드한 느낌을 배제하고 컬러감을 더한 '컨템포러리 클래식 라이프스타일'을 제안한다.

Point of view

클래식하지만 부담스럽지 않은 컨템포러리 혹은 캐주얼 클래식 제품이 많다. 경기 용인에 쇼룸과 창고, 카페가 함께 자리한 복합 문화 공간인 빌라 드 파넬Villa de Parnell을 오픈하면서 SNS를 통해 다양한 이벤트를 진행해 인지도가 높아졌다. 몇몇 외국 업체의 제품을 수입하기도 하지만 자체 제작하는 리프로덕션 클래식 가구도 있어서 세미클래식, 프렌치 클래식 등 모든 분야를 아우른다는 것도 파넬만의 강점이다. 클래식 가구는 대체로 가격이 부담스러운데, 파넬은 리프로덕션 클래식 가구를 합리적인 가격에 선보이므로 대중적으로 접근하기에 적당하다. 우리나라 인테리어 시장에서는 꽤 오랜 기간 클래식 디자인이 주춤했으나 모던한 북유럽 스타일로 트렌드가 기울었던 시기가 지나고 다시 불변의 클래식이 부상하고 있다. 부담스럽지 않은 디자인의 컨템포러리 클래식 제품을 구경하고 싶다면 파넬을 꼭 들러볼 것을 권한다.

More info

2018년, 파넬은 빌라 드 파넬Villa de Parnell 프로젝트와 아웃도어 가구 사업을 시작했다. 빌라 드 파넬을 오픈하며 아웃도어로까지 영역을 넓혀 벨기에의 아웃도어 브랜드인 트리뷰Tribù의 한국 공식 판매처가 되었다. 최근 우리나라에서는 클래식 브랜드에서 키즈 라인을 구경하기 힘든데, 파넬은 키즈 라인도 잘 갖추고 있는 편이다.

Designer's pick

몽티니의 M. 케이프코드 포이어 수납장Capecod foyer cabinet. 현관에서 신발장 맞은편을 꾸미는 것이 난해할 때가 많은데 이를 해결해주는 멀티플레이어 제품이다. 코트나 우산, 모자 등을 걸 수도 있고, 아랫부분은 자주 신는 신발이나 신발 관리 키트를 수납할 수 있다. 벤치는 신발을 신을 때 사용하기 좋다.

ㅇㄷㅇ
02-3443-3983
서울시 강남구 봉은사로49길 39
www.parnell.co.kr
Instagram @parnell_official_page

Capecod foyer cabinet

La Collecte

라꼴렉뜨

컬렉션이 풍부한 가구 편집 매장

About La Collecte

1988년 서울 삼성동 코엑스의 작은 공간에서 출발한 라꼴렉뜨는 유럽 디자이너 브랜드의 가구를 꾸준히 국내에 소개하고 있다. '디자인이 삶을 변화시킨다'라는 믿음을 바탕으로, 단순히 보기 좋고 잘 팔리는 가구가 아닌 디자인 정신이 깃든 가구, 예술과 과학의 최고 접점에 있는 가구를 선보이려 노력한다. 1990년대에 세계적인 브랜드인 비트라, 카르텔 등을 국내 시장에서 성공적으로 소개하면서 '편집 매장의 원조'로 평가받고 있다.

Brand history

- 마루니Maruni

  1928년 설립한 일본의 대표적 가구 브랜드로 일본의 정교한 목공 기술을 산업화하여 수공예 작품 같은 가구를 대량 생산하고 있다. 전 세계 각지의 재능 있는 건축가, 디자이너들과 협업하며 '일본 미학을 이해하는 메시지'를 키워드로 한 가구를 선보인다. 마루니의 총괄 아트 디렉터인 나오토 후카사와Naoto Fukasawa와 재스퍼 모리슨Jasper Morrison이 디자인의 큰 축을 이끌고 있는데, 그중에서 나오토 후카사와가 디자인한 히로시마Hiroshima 의자 시리즈는 2008년 발표 이후 지속적으로 호평을 받고 있는 모델이다.

- 라팔마Lapalma

  이탈리아 브랜드 라팔마는 다양한 재료를 결합하여 모던 스타일의 기능성 강한 가구를 생산하고 있다. 이들은 이탈리아의 감각적인 디자인과 장인들의 정교한 손기술을 세련된 디테일과 하이테크닉 기술을 활용해 산업화했다. 제품의 생산 방법을 효율성 있게 변화시키고, 품질의 개선을 위해 노력하는 것은 물론이고 자신들의 작업이 환경에 미치는 영향을 생각해 이에 대한 투자를 소홀히 하지 않는다.

Point of view

라꼴렉뜨 쇼룸에 디스플레이되어 있는 가구 외에도 카탈로그를 통해 구입 가능한 가구 리스트가 풍부하다. 덕분에 가구 선택이라는 난관에 부딪혔을 때 도움을 구하기 좋은 곳. 라꼴렉뜨에서 소개하는 가구 중 일본의 '마루니'는 목재의 멋을 잘 살린 내추럴한 느낌이 좋아서 예전부터 관심을 가지고 있었다. 다른 셀렉트 숍에서 자주 접하는 북유럽 스타일의 제품과는 다른 일본 제품 특유의 매력이 있다.

More info

라꼴렉뜨에는 라꼴렉뜨 랩Lab이 있다. 이는 다양한 전공의 전문가들로 구성된 디자인 컨설팅 팀으로 여러 브랜드의 제품을 적절하게 매칭할 수 있도록 돕는다.

Designer's pick

나오토 후카사와가 디자인한 히로시마Hiroshima 의자. 앉았을 때 목재의 부드러움과 팔걸이의 유연한 곡선에 매료된다.

ㅇㄷㅎ
02-548-3467
서울시 강남구 도산대로37길 5 2층
www.lacollecte.kr
Instagram @la_collecte

Hiroshima 의자

High-end Living

2

최고의 것을 경험해보고자 하는 욕망은 누구에게나 있다. 그러나 진정한 최고가 무엇인지 모른 채 경험한다면 의미가 없을 것이다. 우리에게 알려진 수많은 명품은 단순히 가격이 비싸다는 이유만으로 만들어진 것은 아니다. 명품 브랜드는 그 이름만큼의 가치를 지닌다. 디자인 철학과 견고한 브랜드 정체성 그리고 세월의 힘을 얻은 히스토리 등 명품의 존재 이유를 제대로 알아야 진정한 가치를 느낄 수 있다.

좋은 옷도 다양한 브랜드를 접해본 후에 그 진가를 알 수 있는 것처럼 가구도 마찬가지다. 반복적 경험을 함으로써 내가 정말 좋아하는 것을 찾을 수 있으며, 제품 속에 숨겨진 디테일의 차이를 느끼게 된다. 패션 제품의 소재와 디자인을 경험하듯, 가구 역시 손으로 직접 만져보고 체험해 보아야 그 가치를 알 수 있음은 물론이다.

그런데 명품 의류 매장에는 들어가면서도 명품 가구 매장의 문턱은 넘기 힘들다는 사람이 의외로 많다. 압도적 분위기의 인테리어가 가진 무게감 때문에 매장의 문을 여는 것도 쉽지 않고, 용기를 내어 들어서더라도 편안하게 의자에 앉아보거나 서랍을 열어보는 등 직접 경험을 하는 사람은 드물다. 하지만 실제로 경험하지 않으면 더 깊숙하게 알기는 힘들다. 망설여지더라도 주저하지 말고 시도해보자. 그리고 경험해보자. 브랜드의 정체성과 히스토리를 알고 간다면 경험의 시간이 더 의미 있을 것이다.

Duomo&Co.

두오모앤코

최고의 라인업을 갖춘 프리미엄 멀티 숍

About Duomo&Co.

두오모앤코는 가구, 조명을 포함해 타일, 욕실, 바닥재, 주방 가구 등 각 분야에서 세계적으로 유명한 브랜드의 제품을 수입·판매하고 있다. 세대를 초월해서 가치를 인정받는 클래식 디자인부터 최신 트렌드를 이끄는 디자인에 이르기까지 다양한 제품을 한곳에서 선보이고 있다. 또 두오모앤코는 고객들이 제품을 소비하는 것에 그치지 않고 유럽의 문화를 향유할 수 있는 플랫폼으로서의 역할을 지향하고 있는데 그 일환으로 매년 제품 디자인 관련 세미나, 연말 파티 등의 문화 이벤트를 통해 인테리어 디자인 트렌드를 공유하고 정보를 나눌 수 있는 자리를 마련하고 있다.

Brand history

- 월터 놀Walter Knoll

  역사와 전통을 자랑하는 독일의 대표 리빙 브랜드. 1865년 슈투트가르트의 가죽 장인이던 빌헬름 크놀이 자신의 성을 딴 가죽 숍을 열면서 그 역사가 시작됐다. 명품 가죽 제품을 만드는 장인 브랜드로 성장하며 독일 왕실의 가죽 제품을 제작했으며, 20세기에 이르러서는 가구 자체를 만들어내는 브랜드로 변모해 노먼 포스터Norman Foster, 구마 겐고Kuma Kengo, 클라우디오 벨리니Claudio Bellini, 이오스Eoos, 피에로 리소니Piero Lissoni 등 글로벌 디자이너들과 제품을 개발하고 있다.

- 놀Knoll

  한스 놀Hans Knoll과 플로렌스 놀Florence Knoll 부부가 1938년 설립한 브랜드로 주거 및 사무 공간의 디자인 가구를 생산하는 세계적인 기업이다. 플로렌스 놀을 비롯해 미스 반 데어 로에Mies van der Rohe, 마르셀

브로이어Marcel Breuer, 프랭크 게리Frank Gehry 등 세계적 건축가와 디자이너가 디자인한 가구를 생산하며 바르셀로나 체어, 와실리 체어, 튤립 체어, 다이아몬드 체어 등 40여 가지의 모던 디자인 아이콘을 낳았다. 놀에서 출시한 40여 점의 가구는 뉴욕 현대미술관MOMA에 영구 소장되어 있다. 설립 80주년을 맞은 놀은 '2018 밀라노 국제가구박람회'에서 램 쿨하스가 공동 설립한 디자인 그룹 오엠에이OMA가 디자인한 전시 부스를 선보여 화제를 모으기도 했다.

- 에메코Emeco

1944년 미국 펜실베이니아 하노버에서 지역 장인들을 고용해 금속 제련 기술 공장으로 시작한 에메코는 업사이클링의 가치를 실현하는 가구 브랜드다. 제2차 세계대전 때 미 해군을 위해 바닷물에 부식되지 않고 가벼우면서도 자성에 강한 '1006 네이비' 알루미늄 체어를 공급하면서 가구 브랜드로서 명성을 쌓기 시작했다. 2008년에는 코카콜라와 합작해서 '111 네이비 의자'를 선보이면서 친환경적인 회사로 인지도를 확립했다. 2015년 슈퍼 노멀 디자이너 재스퍼 모리슨과 협업해 발표한 알피Alfi 컬렉션은 폴리프로필렌과 톱밥 등 산업 폐기물을 재활용함으로써 에메코의 업사이클링 정신을 잇고 있다.

Point of view

제법 오랜 시간 동안 다양한 변화를 거듭해온 현재의 두오모앤코를 한마디로 표현하자면 '리빙 브랜드계의 멀티플레이어'라는 말이 어울린다. 초창기에는 아르테미데Artemide, 플로스Flos, 비비아Vibia 등의 조명을 한곳에서 만나볼 수 있어서 디자이너나 건축가들이 즐겨 찾았는데, 2007년 월터 놀Walter Knoll 제품을 수입하면서 많은 사람의 관심을 받기 시작했다. 인테리어 가구는 기본, 최고급 주방 가구와 욕실 제품, 조명까지 갖춰 원스톱 쇼핑이 가능하다.

More info

두오모앤코를 방문한다면 뽀로Porro 브랜드를 체험해보기를 추천한다. 글라스 수납장과 붙박이장 시스템을 갖추고 있는데, 과감한 컬러 매치와 디테일한 하드웨어 등을 눈여겨보면 좋다.

Designer's pick

프로젝트에 추천하는 가구나 아이템들은 일상에서도 직간접으로 체험을 해보는 편인데, 월터 놀 소파는 2002년부터 직접 사용하고 있어 제품의 퀄리티와 기능에 대해서 고객에게 자세히 설명을 하게 된다. ㄱ자형 소파인데 월터 놀의 타데오Tadeo 식탁처럼 하드웨어가 내장되어 있어 간단한 조작만으로 넓은 침대로 변신한다.
또한 월터 놀의 타데오 테이블은 많은 사람이 좋아하는 모던한 디자인이면서 사용하는 인원수에 따라 크기 조절이 가능한 익스텐션 기능이 내장되어 있어 사용하기 편리하다.

ㅇㄷㅇ
02-516-3022
서울시 강남구 논현로 735 태양빌딩
www.duomokorea.com
Instagram @duomo_tns_official

월터 놀 Tadeo 식탁

DePadova

데파도바

감각적인 미니멀 럭셔리

Brand history

1950년 페르나도와 막달레나Fernando & Maddalena 부부가 설립한 이탈리아 가구 회사. 모던 디자인의 정석으로 불리는 이탈리아 건축가 비코 마지스트레티Vico Magistretti가 아트 디렉터로 참여하면서 단순미가 돋보이는 가구를 선보이기 시작한다. 전 세계적으로 가장 왕성하게 활동하는 디자이너 파트리시아 우르퀴올라Patricia Urquiola가 1991년부터 제품개발부를 이끌며 파리의 퐁피두센터 커피숍, 뉴욕 모건 라이브러리 레스토랑의 가구를 스타일링했다. 2015년에는 세계적 주방 가구 회사 보피Boffi와 합병, 2017년에는 덴마크 디자인 회사인 MA/U Studio와 파트너십을 체결하고 이탈리아 감성과 정제된 스칸디나비안 스타일이 조화를 이룬 혁신적 아이템을 전개하고 있다.

Point of view

데파도바가 다른 브랜드와 차별화되는 지점은 소재, 즉 머티리얼에 대한 고민이 깊다는 것이다. 우드와 스틸, 혹은 스틸과 글라스 등 2~3가지 이상의 소재를 사용해서 만든 제품이 많은데, 이런 소재의 다양성 덕분에 데파도바는 하이엔드 가구임에도 지나치게 무거운 느낌이 아니라 젊은 감각이 느껴진다. 데파도바의 쇼룸에서는 가구 외에도 소품이나 그림, 사진 등을 활용하는 아이디어를 적극적으로 제시해주기 때문에 다양한 스타일링 팁을 배울 수도 있다. 특히 모던한 스타일의 가구에 빈티지 소품을 매치해 온기를 더한 스타일링은 일반 가정에서도 적용하기 좋은 아이디어다.

More info

데파도바의 국내 공식 매장은 2018년이 되어서야 생겼다. 한 가지 스타일만 고집하는 것이 아니라 다양한 디자이너와 협업을 통해 캐주얼하면서도 고급스러운 분위기를 적절히 만들어내기 때문에 단정하면서도 트렌디하고, 고급스러운 스타일을 원하는 사람이라면 데파도바에서 취향에 맞는 제품을 찾을 가능성이 높다.

Designer's pick

보디의 겉면은 가죽으로, 안쪽 면은 패브릭으로 만든 라운지 체어 루이지애나Louisiana. 영국 런던 보피 매장에 주방 가구와 세팅되어 있는 걸 처음 보고 머리에 계속 남아 있었던 가구다. 거실 한쪽이나 서재에 풋스툴까지 세트로 두면 오아시스처럼 편안한 휴식을 취할 수 있다.

02-6480-8950
서울시 강남구 도산대로 420 지하1층
www.depadova.com(해외)
Instagram @depadova_official(해외)

Louisiana

10 14
MARTEDI
17 GEN

Molteni &C

몰테니앤씨

프리미엄을 향한 여정

Brand history

몰테니앤씨는 몰테니Molteni 그룹의 가구 전문 브랜드로, 하이엔드 시장을 지배하는 이탈리아 가구의 자존심이다. 조 폰티Gio Ponti, 장 누벨Jean Nouvel, 로돌포 도르도니Rodolfo Dordoni 등 세계적 디자이너와 협업, 1970년대부터 리빙 가구 몰테니앤씨에 이어 사무 가구 우니포Unifor, 주방 가구 다다Dada를 라인업했다. '글리스 마스터Gliss Master' 워크인 클로짓walk-in closet, 505 거실장 등 모듈형 시스템 가구가 대표적이며, 침대, 소파, 장식장, 의자와 같은 무빙 가구도 선보인다. 2017년부터는 디지털 트렌드에 발맞춰 'HouseOfMolteni'라는 타이틀로 라이프스타일 영상 프로젝트를 진행하고 있으며, 현재는 글리스 마스터를 디자인한 빈센트 반 두위센Vincent van Duysen이 크리에이티브 디렉터로 활동하고 있다.

Point of view

80년이 넘는 역사를 지닌 몰테니앤씨지만 사람들이 클래식을 중요하게 생각하던 1930~40년대부터 모던한 라인의 가구를 구상할 만큼 디자인적으로 앞서 나가던 브랜드. 몰테니앤씨는 사업을 시작할 때부터 모듈 가구와 붙박이장, 시스템 가구 분야로 특화되어 있었다. 덕분에 럭셔리한 공간의 정리 정돈이나 수납용 가구에서 가장 많은 노하우를 축적하고 있는 브랜드라고 할 만하다. 일상생활에서 수납은 매우 중요한 요소이다. 같은 공간이라도 수납이 제대로 해결되느냐 아니냐에 따라 시간과 공간의 여유가 달라진다. 이런 관점에서 수납 가구는 디자인뿐 아니라 실용성 면에서도 부족함이 없어야 한다. 수납 가구의 다양한 상품군 중에서도 몰테니앤씨는 현대식 하드웨어(레일, 플랩장 등의 요소)를 접목한 시스템 가구나 드레스 룸이 여타 브랜드와 차별화되어 있다.

More info

이탈리아 가구 브랜드의 제품은 과학적으로 접근한 하드웨어적 요소와 디자인적인 요소가 균형감 있게 유기적으로 결합되어 있다. 예를 들어 디자이너가 새로운 스타일의 가구 디자인을 내놓으면 기술자들이 모여 이를 기술적으로 어떻게 구현할 것인가를 고민해서 제품으로 완성시킨다. 외적으로는 물론이고 내적으로도 완벽한 가구를 만들어낼 수 있는 이유다. 이런 시스템 덕분에 몰테니 그룹은 최근 IoT 관련 기술도 가구에 접목하고 있는데, 예를 들어 서랍이나 도어를 열지 않고도 리모트 컨트롤이 가능한 TV 캐비닛 등을 선보이고 있다. 2018년에는 IoT 기술을 활용해 에어큐브Aircub 애플리케이션으로 미세 먼지를 비롯한 옷장 내부의 공기 질을 관리하고, 스위스 의류 관리 시스템 리프레시-버틀러Refresh-Butler를 빌트인으로 구성하는 등의 아이디어를 선보였다.

Designer's pick

몰테니의 TV 장식장 Pass-word. 가격 대비 성능, 즉 가성비가 좋다. TV 장식장은 적절한 것을 선택하기 힘든데 이 제품은 라인이 간결하고 크기와 색상 등 모든 요소가 완벽에 가깝다.

ㅇㄷㅇ
02-543-5093
서울특별시 강남구 논현로 713
www.molteni.it
Inatagram @moltenidada(해외)

Pass-word

L'ARTE DEL CORPO
SANTI BANCHIERI E

Infini

인피니

공간을 감싸는 품격

About Infini

1989년 설립된 인피니는 모던, 컨템포러리, 클래식 등 다양한 스타일의 하이엔드 가구와 리빙 문화를 소개해왔다. 설립 초기에는 마스터피스 가구 생산 및 수출, 다양한 프로젝트 공간에 맞는 B2B 가구를 공급하는 비즈니스를 중심으로 운영되다가 1993년 서울 삼성동에 전시장을 오픈하면서 일반 소비자를 대상으로 하는 가구 사업을 시작했다. 2012년 전 세계적으로 하이엔드 컨템포러리 리빙 디자인을 선도하는 비앤비 이탈리아B&B Italia의 한국 독점 파트너가 되었으며, 세계 최고의 가죽 브랜드 폴트로나 프라우Poltrona Frau, 영국 왕실에서 사용하는 핸드메이드 프리미엄 침대 바이스프링Vi Spring 등 엄선된 하이엔드 브랜드를 국내에 소개하고 있다.

Brand history

- 비앤비 이탈리아B&B Italia

  비앤비 이탈리아는 이탈리아 브리안자Brianza 지역 디자인 가구 산업의 선구자 피에로 암브로지오 부스넬리Piero Ambrosio Busnelli가 1966년 설립했다. 당시 전통적인 가구 제조 방식으로 이탈리아 가구 산업을 이끌던 까시나Cassina와 함께 부스넬리Busnelli가 모여 이전에 없던 혁신적인 가구 제조 기술을 도입하면서 'C&BCassina and Busnelli'라는 이름으로 출발, 이후 비앤비 이탈리아로 사명을 변경했다. 이들은 소파 프레임에 목재 대신 스틸을 사용해 더욱 견고하게 만들었으며, 폴리우레탄 폼 몰딩 기술을 사용한 쿠션을 최초로 만들어 어떤 형태의 디자인도 제품화할 수 있도록 했다. 이후 비앤비 이탈리아는 새로운 재료와 기술에 대한 연구를 지속해오고 있으며, 이탈리아 산업 디자인계에서 가장 권위 있는 황금 콤파스상Compasso d'Oro을 네 차례나 수상했다. 이탈리아 건축가 안토니오 치테리오를 비롯해 피에로 리소니, 파트리시아 우르키올라로 계보를 이으며 어떤 트렌드와 취향도 포용하는 프리미엄 가구 브랜드의 힘을 보여주고 있다.

- 조르제티Giorgetti

120년이 넘는 역사를 가진 이탈리아 가구 회사. 주로 원목을 가공하여 장인이 수작업 방식으로 생산하는 세계 최고의 브랜드이며, 목재로 구현할 수 있는 가장 창의적인 디자인과 아름다움을 보여준다. 조르제티의 또 다른 특징은 어떠한 재료보다 견고한 나무를 재료로 사용한다는 점이다. 퀄리티와 지속성을 높이기 위해 최상의 나무를 고집하고, 그 안에서 다시 한번 최상의 부분만을 사용해 제품을 생산하기 때문에 소장 가치가 크다고 할 수 있다.

- 바이 스프링Vi Spring

영국 왕실에서 3대째 사용하고 있는, 영국 프리미엄 침대 브랜드. 바이 스프링은 1901년에 엔지니어 제임스 마셜James Marshall이 세계 최초로 고안한 개별 포켓 스프링을 사용한다. 또 플래티넘 인증을 받은 100% 무스버그 말총, 실크 등 엄선된 천연 소재만을 사용하고 있으며, 허니 컴 네스팅Honey Comb Nesting(포켓 코일을 벌집 구조로 빈틈없이 배열해서 압력을 분산시키는 기술)으로 제작된 스프링 매트리스를 생산한다. 일련의 제작 과정이 수작업으로 이뤄지기 때문에 크기, 모양, 심지어 스프링의 텐션까지도 사용자의 체중 및 선호도에 맞춰 선택하여 제작하는 메이드 투 오더made-to-order 방식으로 만들어지며, 헤드보드의 디자인 및 마감까지 사용자의 니즈에 맞추어 생산한다.

Point of view

인피니는 우리나라 하이엔드 가구의 터줏대감이라고 할 수 있다. 건물 전체를 일관된 형태로 짓고 그 공간에 구획을 나눠 비앤비 이탈리아, 조르제티 등 다양한 브랜드의 제품을 디스플레이하기 때문에 고객 입장에서 가구를 실제 공간에 적용하기 좋다(가구 매장은 공간적 제약 때문에 브랜드별로 제대로 전시 공간을 확보하지 못하는 경우가 많다).

인피니에서 소개하는 다양한 브랜드 중에서도 비앤비 이탈리아는 디자이너와 건축가들이 가장 사랑하는 브랜드다. 무척 간결하게 정돈된 라인과 전체적으로는 고급스러운 미감을 드러내는 제품을 선보인다. 조르제티는 목재와 가죽을 아름답게 다루는 브랜드로 유명하다. 모던한 라인에 곡선이 첨가되어 있고, 수공예적인 디테일을 강조한 제품이 많아 클래식한 무드의 가구를 찾을 때 선택하게 된다.

More info

인피니 매장은 다양한 전시 가구만큼이나 패브릭, 벽지 등도 세련되게 어울리도록 공간을 구성했다. 오브제를 자체 제작해서 기존 가구들이 돋보이도록 하는 디스플레이도 방문객들에게 많은 영감을 준다.

Designer's pick

비앤비 이탈리아의 허스크Husk 침대. 헤드 부분이 얼굴 부위를 감싸는 안정감 있는 형태의 디자인. 여성 디자이너 파트리시아 우르키올라의 제품으로 특유의 따뜻하고 포근한 느낌이 좋다. 패브릭 소재의 헤드보드 덕분에 침대에 앉아서 휴식을 취하거나 간단한 작업을 할 때도 편안하다.

○⊃⦿

서울점 02-3447-6000
서울시 강남구 삼성로 777

부산점 051-731-3470
부산시 해운대구 좌동순환로 454

www.infini.co.kr
Instagram @infini_official

비앤비 이탈리아 Husk 침대

Arclinea

아크리니아

친환경 소재로 완성한 하이엔드 주방

Brand history

1925년 실비오 포르투나 시니어Silvio Fortuna Senior가 설립한 이탈리아 주문 제작 가구 브랜드. 제2차 세계대전 이후 재건을 하면서 목재 가구의 수요가 증가하던 시기에 주문 제작 가구를 기획해 성공을 거둔 뒤 1960년에 처음으로 아크리니아라는 브랜드명을 사용했다. 정통 수공예품 생산 방식에서 시리즈 대량 생산으로 전환했고, 이것이 오늘날 아크리니아 주방 가구의 근간이 되었다. 1963년 '밀라노 트레이드 페어Milano Trade Fair'를 통해 일반 대중, 요리사 및 주방 전문가들에게 널리 알려지면서 세계적인 명성을 얻기 시작하였다. 1980년 디자이너이자 건축가인 안토니오 치테리오Antonio Citterio를 수석 디자이너로 영입해 독창적인 디자인 정신을 이어가고 있다.

Point of view

아크리니아의 주방 가구 중에서도 스테인리스 스틸 제품이 독보적으로 아름답다. 특히 밀라노 두리니Durini 쇼룸은 안토니오 치테리오가 공간과 제품의 디자인을 맡았는데, 전체적인 통일감은 물론이고 공간과 주방의 어울림에 대해 고민을 많이 했다는 게 느껴진다. 다양한 소재의 조합, 특히 스테인리스 스틸을 다채롭게 활용하는 것이 특징. 스틸의 정제된 느낌에 따뜻한 감성을 불어넣는 방법으로 PVD 공법(명품 시계의 컬러링을 하는 원리로 도어 표면의 티타늄을 고온에 기화시켜 스테인리스 컬러를 입히는 마감 방식)을 적용했다. 기본적인 실버 스테인리스 스틸 외에도 블랙, 브론즈 스틸 등 다양한 컬러로 소개된다.
2016년에 세계적인 디자인 선도 회사 비앤비 이탈리아와 파트너십을 맺은 이후로 화려한 디테일을 모두 생략하고 최소한의 요소만 남겨서 디자인 라인이 한층 더 간결해졌다.

More info

아크리니아는 최고 등급을 받은 친환경 소재만을 사용하는 브랜드다. 이에 따라 환경에 관심이 높은 유럽에서 브랜드 가치를 더욱 인정받고 있다.

Designer's pick

ITALIA 스테인리스 스틸 아일랜드. 전체가 스테인리스 스틸로 이루어진 아일랜드는 그 하나만으로 공간에서 존재감을 내세우며 구심점 역할을 한다. 미니멀한 공간은 물론이고 클래식한 공간에도 잘 어울린다.

ㅇㄷ◉
02-6335-6298~99
서울시 강남구 도산대로 425 1층
www.youandus.co.kr
Instagram @arclinea_youandus

ITALIA Stainless steel Island

SIGNATURE KITCHEN SUITE

시그니처 키친 스위트

대한민국 최고 수준의 빌트인 가전

Brand history

LG에서 2016년에 론칭한 초프리미엄 빌트인 가전. 모든 제품에 최고급 리얼 스테인리스를 적용하고, 견고한 리얼 스테인리스 고유의 질감을 완벽하게 표현할 수 있는 클래딩 디자인(스테인리스의 마감 처리를 할 때 해당 부분을 접어서 이음새 없이 가공하는 방식)으로 제품의 완성도를 높였다. 덕분에 각각의 제품이 마치 하나의 제품처럼 느껴지는 통일성 있는 디자인으로 주방과 완벽한 조화를 이루도록 했다. 또한 가전제품의 내부에 특허 받은 친수성 법랑 코팅 기술을 적용해 청소를 한층 더 쉽고 빠르게 해결할 수 있도록 하는 등 눈에 보이지 않는 세심한 부분까지 생각했다. 장인 정신을 담은 디자인은 기본, 여기에 혁신적인 성능은 물론이고 사용자 편의성까지 갖춘 시그니처 키친 스위트는 명실상부 대한민국 최고의 가전이라 할 만하다.

Point of view

시그니처 키친 스위트는 우리나라에서 생산되는 기존 제품에서는 볼 수 없었던 미니멀한 느낌, 깨끗한 라인이 한눈에 들어오는 것이 특징. 그중에서도 사용자의 편의를 최대한 고민한 흔적이 보이는데, 이 부분을 '배려의 디자인'이라고 부르고 싶다. 컬럼 냉장고는 내부까지 모두 알루미늄과 강화 유리로 되어 있어서 오염에 아주 강하고, 각각의 선반마다 LED 조명이 켜지는 시스템이라 사용하기도 무척 편리하다. 필요에 따라 냉장고 내부 선반 위치를 바꿔도 그에 맞춰 조명이 들어오는데, 이런 세심한 배려가 사용하는 사람을 생각한 부분이라 감동적으로 느껴진다. 또한 고객 서비스까지 생각해 디자인한 것이라 문제가 생겼을 때 제품 전체를 따로 떼어내지 않고 그 자리에서 수리가 가능하다는 것도 빌트인 냉장고의 큰 장점이다.

전기레인지는 5개의 화구로 구성되어 한 번에 여러 가지 음식을 조리하는 것은 물론, 다양한 조리 도구의 사용이 가능하다. 또한 기존의 제품들보다 화력이 훨씬 세서 요리를 할 때에도 전혀 불편함이 없다. 전기레인지에 사용된 세라믹 상판 역시 최고급 브랜드인 독일의 쇼트 사 제품이라 내구성이 뛰어나다.

최근 많은 사람들의 관심을 받고 있는 컬럼 와인 셀러는 밖에서 톡톡 두드리면 조명이 들어오면서 안이 한눈에 보이는 노크 온knock on 기능이 있어서 와인셀러 문을 여는 일이 줄어들었다. 이 기능은 온도를 유지하면서 내부를 볼 수 있다는 것이 큰 장점. 일반적으로 와인셀러의 경우 고급스러움을 살리고자 선반의 일부만 우드로 만들고 와인이 수납되는 부분은 스틸을 많이 사용하는데, 시그니처 키친 스위트 제품은 선반 전체가 우드로 되어 있다. 디자인적으로도 와이드가 좁고 긴 형태라 감각적으로 느껴지며, 다른 제품에 비해 소음이 현저하게 적어 이 제품을 찾는 사람들이 많아지고 있다.

현업에서 일을 하다 보면 현재 인테리어 시장의 흐름이 빌트인 제품 쪽으로 이동 중인 것이 눈에 보인다. 그중에서도 주거 공간에서 가장 중심이 되고 있는 주방이 가장 변화가 큰 부분. 최근에는 거실도 주방에 이어진 백그라운드라는 인식이 강해 주방에 대한 관심이 높아졌다. 일례로 최근 새로 생긴 아파트나 집들의 구조를 보면 주방 아일랜드가 커지고 있다. 이런 시대적인 흐름에 맞춘 시그니처 키친 스위트는 스타일에 상관없이 누구나 좋아할 제품이다.

More info

시그니처 키친 스위트의 모든 제품은 외출 시에도 작동 여부를 확인할 수 있도록 설계되어 전용 앱을 통해 항상 주방의 상태를 확인할 수 있다. 또한 각 제품의 성능에 이상이 생길 때마다 휴대폰의 푸시 알림 기능을 통해 알려주고, 이 정보를 센터로 바로 전달할 수 있어 편리하다.

Designer's pick

24인치 컬럼 와인 셀러. 다른 브랜드 제품과 달리 내부까지 고급스러운 우드 재질로 만들어져 와인병이 닿을 때 부드럽고 소프트한 느낌이다. 또한 노크를 하면 내부를 볼 수 있어서 와인 셀러 문을 수시로 여닫지 않아도 돼 열 손실을 줄여준다.

○⊃⦿
02-3777-6600
서울시 강남구 학동로 133
www.signaturekitchen.co.kr
Instagram @signature_kitchen_suite

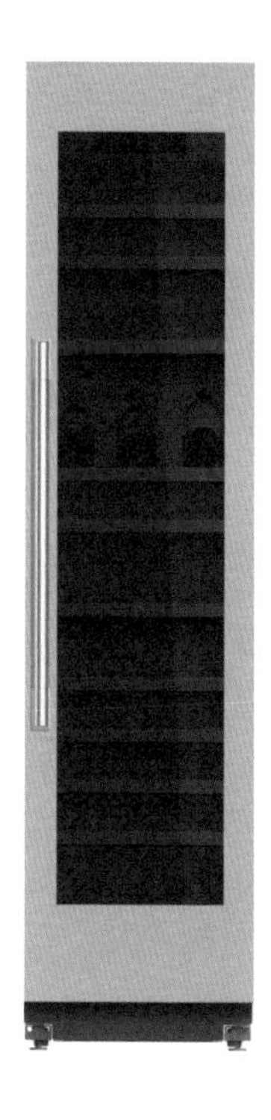

Column Wine Seller

TURE
UITE

bulthaup

불탑

미니멀 속에 감춰진 최상의 디테일

Brand history

1949년 마르틴 불탑Martin Bulthaup이 설립한 주방 가구 브랜드. 1990년에 과학적으로 유닛화해 설계한 시스템 키친을 도입하면서 사용자의 동선에 따른 효율적 주방 환경을 설계했다. 인체 공학적인 에르고 디자인ergo design(기능성이나 쾌적성을 높이기 위하여 인간의 체격, 운동, 감각, 인지 등의 모든 기능이나 행동 특성, 능력에 맞는 기계나 가구를 만드는 디자인, 또는 그런 특성의 디자인 요소를 응용한 디자인)을 적용하고 체계적 수납을 돕는 유닛, 서랍의 무브먼트 등 보이지 않는 디테일에까지 완성도를 불어넣어 지금의 명성을 얻게 되었다.

Point of view

불탑은 누구나 최고의 주방으로 꼽는 브랜드 중 하나다. 불탑의 주방 가구는 미니멀한 스타일을 가장 완벽하게 완성시켜주는 디자인으로 유명하다. 장식성을 최소화한 손잡이의 경우 손잡이 대신 이상적인 모서리 각도를 찾아내서 손끝으로 서랍을 열 때 최대한 편안한 느낌을 주도록 만들었다. 디자인 외에도 사용자에게 초점을 맞춘 섬세한 디테일이 돋보인다. 선반장의 그립감이나 내부 액세서리, 마감 상태 등에서도 디테일의 예민함이 드러나는데, 이러한 마감 요소를 하나씩 발견하다 보면 가구 하나를 만들면서도 최선을 다하는 독일 기업의 철저함이 느껴진다. 최근 불탑의 디자인은 주방을 단순히 요리를 하는 공간이 아닌, 소통할 수 있는 삶의 공간으로 만들기 위한 노력이 돋보인다. 현대인의 라이프스타일을 면밀하게 연구하여 품질과 기능을 향상시키는 것은 물론이고 인체 공학적인 디자인을 발전시키고 있는 것. 또 주방과 연결된 거실, 나아가 침실과 현관까지 주거 공간 전체를 위한 해결책을 제시하면서 사업 영역도 확장해가고 있다.

불탑은 주방 가구 중에서 가장 먼저 아일랜드를 개발한 회사인 만큼 주방의 중심을 아일랜드로 설정하고, 아일랜드에서 다른 가족들을 보며 커뮤니케이션할 수 있도록 식기류 수납장을 아일랜드 상부에 두어 접근성을 높였다. 또 가족들과 더 오랜 시간을 대화에 집중할 수 있도록 쿨링 워밍 시스템(아일랜드의 가운데 부분에 음식을 데우거나 식힐 수 있는 시스템을 설치한 것)을 도입해 먹다가 식은 음식을 그 자리에서 데울 수 있도록 설계한 점도 눈길을 끈다.

More info

불탑의 제품은 크게 3개의 컬렉션으로 구성된다. 주방의 핵심 요소인 키친 아일랜드, 벽장 등 필수적인 기능만 살려 단순함을 추구한 b1, 식기구와 식자재를 편리하게 사용하고 완벽하게 수납할 수 있는 b2, 필요와 목적에 따라 형태와 기능을 다변화함으로써 주방 이상의 공간을 연출할 수 있는 b3가 그것. 그러나 b1, b2, b3는 장르적 구분일 뿐 공간의 크기와 취향에 맞춰 구성, 사이즈, 자재 등을 선택할 수 있기 때문에 어떤 자재로 어떻게 구성하느냐에 따라 다양하게 연출 가능하다.

Designer's pick

수납장 b 솔리테르Solitaire. 다리이자 구조가 되는 프레임 안에 트레이가 장착돼 원하는 것을 다양하게 수납할 수 있다. 와인을 좋아한다면 와인 바로, 차를 좋아한다면 다기를 가까이 두고 사용하거나 드레스 룸에 배치해 액세서리 수납용으로 활용해도 좋다.

ㅇㄷㅇ
02-516-6165
서울시 강남구 논현로 735, 태양빌딩 4층
seoul.bulthaup.com
Instagram @bulthaup_seoul

b Solitaire

FLEXFORM

플렉스폼

프리미엄 라운지를 완성하다

Brand history

이탈리아에서 가구와 소파를 만들던 3명의 디자이너가 '피글리 디 지오바니 갈림베르티Figli di Giovanni Galimberti'라는 가구 회사를 설립, 1959년에 플렉스폼Flexform으로 회사 이름을 바꿨다. 'Flexform'은 'Flexible Form'의 줄임말이다. 조화, 규율, 품격, 창의성을 강조하며, 현대적인 스타일을 가미한 내추럴한 제품을 선보이는 플렉스폼은 이탈리아 디자인의 대명사로 등극하며 융통성과 고요함을 갖춘 라이프스타일을 제안하고 있다. 40년 이상 함께해온 플렉스폼의 수석 디자이너인 안토니오 치테리오가 총 디자인한 밀라노의 불가리 호텔은 그의 작품 철학과 플렉스폼 가구의 진가를 체험할 수 있는 곳으로 유명하다.

Point of view

플렉스폼은 가구를 아트 크래프트적으로 만들 줄 아는 곳이다. 특히 안토니오 치테리오가 디자인한 플렉스폼의 해피 아워Happy Hour는 금속 프레임에 가죽을 엮어서 만든 소파로, 아트 크래프트를 향한 플렉스폼의 의지를 압축적으로 보여주는 느낌이다. 디테일을 부각하는 플렉스폼 가구는 하이엔드 리빙에서 하나의 영역을 차지하고 있다. 특히 '해피 아워'는 앞 모습뿐만 아니라 뒷모습이 예쁜 소파로도 유명하다. 요즘은 가구를 배치할 때 소파를 벽에서 떼어 놓거나 복도 쪽으로 등이 가도록 레이아웃하는 경우가 많아서 이 브랜드의 제품이 더욱 빛을 발한다.

플렉스폼 제품 디자인의 또 하나 특징은 목재와 가죽이 만나는, 소재의 매치 부분이다. 이렇게 두 가지 소재가 만날 때 목재는 디테일 처리가 중요하고, 가죽은 섬세함이 필요한데 플렉스폼은 최고의 기술력으로 최상의 디자인을 완성한다. 이렇듯 두 가지 이상의 소재가 섞이다 보니 밋밋하지 않고 고급스럽다.

More info

플렉스폼은 조명 사업도 같이 하고 있다. 이곳에서 취급하는 프로두지온 프라이비타Produzione Privata는 유리라는 소재를 새롭게 해석한 특이한 조명이 많다는 것이 특징. 프로두지온 프라이비타는 1991년에 설립된 이탈리아 밀라노의 유명 조명 브랜드인데, 가구와 함께 매치했을 때 최상의 효과를 낼 수 있도록 디스플레이되어 있다.

Designer's pick

가죽으로 제작된 에덴Eden 침대를 추천한다. 간결한 라인이 돋보이며 스티치 장식도 눈길을 끈다. 가죽의 컬러를 다양하게 고를 수 있고 목재와 가죽을 섞었을 때 드러나는 고급스러움이 돋보인다.

○ㄱ⊙
02-512-2300
서울시 강남구 삼성로149길 9
www.flexform.it/en
Instagram @flexformkorea

eden bed

haanong

하농

보이지 않는 곳의 가치

About haanong

1994년 창립, 이탈리아 원목 마루 브랜드 마르가리텔리Margaritelli의 조르다노Giordano를 시작으로 유럽 지역의 프리미엄 건축 자재와 가구를 국내에 소개하며 사업을 이어왔다. 한국 주거 문화의 특성과 기후에 잘 맞는 조르다노의 강점 덕분에 오랜 시간 동안 인기를 끌며 꾸준히 성장하였고, 이후 천연 매트리스 코코맏Coco-Mat, 프랑스의 명품 주방 브랜드 라 코르뉴La Cornue, 이탈리아 주방 가구 모듈노바Modulnova, 이탈리아 유명 디자이너인 다니엘 라고Daniel Lago의 가구를 비롯해 최근에는 이탈리아 수전 제시Gessi와 수납 가구 리마데시오Rimadesio를 선보인다.

Brand history

- 조르다노Giordano

  100년의 전통을 자랑하는 이탈리아의 최고급 원목 마루 브랜드 조르다노는 세계에서 처음으로 엔지니어드 플로링engineered flooring을 개발해 원천 기술을 보유하고 있다. 조르다노는 프랑스 폰테인 지역에 직접 삼림을 가꿔 고급 원목만을 선별해 사용하기 때문에 품질이 안정적이며 우수하다. 한 그루의 나무를 사용하면 다시 한 그루의 나무를 심는 캠페인을 진행하는 등 지구 환경을 생각하는 프로젝트를 펼치며, 접착제도 친환경 본드를 사용하고 있다. 또 사람의 발이 직접 닿는 바닥재 표면에 항박테리아 성분의 천연 도장을 사용하는 등 청결하고 쾌적한 주거 환경을 유지할 수 있도록 했다. 조르다노 원목 마루는 바닥 면에 습도와 열에 가장 안정적인 핀란드산 자작나무를 사용해 열기에도 변형되지 않으므로 온돌이 깔린 한국의 주택에도 적합한 제품이라는 평가를 받았다.

- 모듈노바Modulnova

  모던한 감성의 커스텀메이드 주방 가구 브랜드. 주방용품 업계에서 처음으로 레진 시멘트 도장을 선보이며 글로벌 가구 시장에서 급부상했다. 다양한 도장 기술을 개발해 주방에서 거실, 욕실까지 완벽한 조화를 이룰 수 있게 해주며 어떤 형태나 모양도 주문 제작이 가능하다.

- 리마데시오Rimadesio

  워크인 클로짓walk-in closet 전문 브랜드 리마데시오는 1956년 루이지 리볼디Luigi Riboldi와 프란시스코 마벌티Francesco Malberti가 창립한 회사로 알루미늄과 글라스 소재를 사용한 슬라이딩 도어를 처음으로 선보였다. 창업 초기에는 주로 도어door 위주의 제품을 생산하였으나 2016년 밀라노 국제가구박람회에서 모던하고 현대적인 워크인 클로짓 '드레스볼드'를 선보이면서 주목을 받았다. 공간 구분과 구성에 새로운 방향을 제시한 슬라이딩 도어, 워크인 클로짓과 얇은 알루미늄 프레임, 유리 가공 기술을 적용한 다양한 거실 가구를 선보인다. 소비자가 소재와 컬러를 선택해 주문하는 방식으로 제작되고 있으며 100% 이탈리아 현지 공장에서 생산한다.

Point of view

하농은 1990년대 초 이탈리아 원목 마루 조르다노를 국내에 수입·공급하면서 사업을 시작했는데, 당시에는 조르다노가 가장 비싼 마루 브랜드였다. 수입 제품임에도 불구하고 우리나라의 온돌에 잘 맞아서 고급 주거 인테리어에는 대부분 조르다노 제품이 쓰였다.

하농에서 수입하는 브랜드 중에서 디자이너 입장에서 관심이 가는 것은 시스템 가구 브랜드 '리마데시오'다. 리마데시오는 드레스 룸이나 규모가 큰 침실에 설치하기 좋은 제품인데, 금속과 유리라는 서로 다른 소재를 사용해 깔끔하게 마무리한 디자인이 눈에 띈다. 이질적인 하드웨어를 무리 없이 연결해서 제품을 만든다는 것이 쉬운 일이 아닌데, 리마데시오는 한 치의 오차도 없이 라인을 정리해서 최상의 디테일을 완성하는 것이 특징이다. 리마데시오 드레스 룸은 미니멀한 분위기로 개방적인 형태를 구현하지만 유리 소재의 마감 때문에 일반적인 붙박이장처럼 감추는 수납에는 적당하지 않다.

주방 가구 모듈노바는 레진 시멘트 공법(시멘트 느낌을 살린 디자인 공법)을 사용해 차분하고 모던한 스타일을 좋아하는 사람들에게 인기가 높다. 고객이 원하는 도장과 컬러, 도어, 싱크볼, 빌트인 기기 등을 주문하면 이탈리아 현지에서 100% 제작해 보내준다.

More info

주방 디자인을 할 때면 색다른 기기들을 찾게 되는데 그중 하나가 하농의 바라짜Barazza다. 싱크 수전이 싱크볼 속으로 들어가고 싱크볼의 뚜껑까지 닫을 수 있는 제품부터 특이한 가스레인지까지, 현실로 구현된 아이디어를 엿보기 좋은 브랜드이다.

Designer's pick

알람브라Alambra 수납장. 유리 도어가 r자 형태로 열리는데 하드웨어가 보이지 않는 곳에 숨어 있으니 유리도어를 열고 안쪽 모서리까지 꼼꼼하게 살펴보기를 권한다.

목재 서랍장 안의 인조 가죽 마감과 함께 손잡이를 대신하는 열쇠도 멋진 디테일이다.

ㅇㄷ⊙
02-515-2626
서울시 강남구 논현로 558 배민빌딩 1층
www.haanong.com
Instagram @haanong_official

리마데시오 Alambra 수납장

CREATIVE LAB

크리에이티브랩

모던 가구의 타임리스 디자인

About CREATIVE LAB

2004년 아르마니 까사Armani Casa를 국내에 론칭했다. 2009년 까시나Cassina, 카펠리니Cappellini를 수입하며 밀라노디자인빌리지 쇼룸을 오픈, 이후 크리에이티브랩으로 사명을 바꾼 뒤 사보이어, 솜너스 등 수입 매트리스를 라인업했다. 수입 가구 판매와 함께 B2B 컨설팅을 전개한다.

Brand history

- 까시나Cassina

  1927년에 움베르토 까시나Umberto Cassina가 이탈리아 밀라노 부근에 설립한 명품 가구 브랜드. 제2차 세계대전이 끝난 뒤 선박 사업이 호황을 누리며 조 폰티Gio Ponti의 중개로 선박 인테리어와 가구를 제작해 명성을 얻기 시작했다. 제품군은 르 코르뷔지에, 피에르 잔느레, 샤를로트 페리앙, 찰스 레니 매킨토시, 프랭크 로이드 라이트, 프랑코 알비니 등 거장의 마스터피스를 리에디션하는 이 마에스트리I Maestri 컬렉션과 조 폰티를 비롯해 필립 스탁, 하이메 아욘, 가에타노 페셰, 루카 니케토 등 현대에 가장 각광받고 있는 디자이너의 제품으로 구성한 이 컨템포라니I Contemporanei로 나뉜다. 단순히 제품을 복기하는 데 그치지 않고 오리지널 디자인을 까시나만의 기술력으로 보완해 제품의 완성도를 높이는 것이 특징. 2016년 파트리시아 우르키올라를 아트 디렉터로 영입했다.

- 사보이어Savoir

  1889년, 유명한 극장 기획자였던 리처드 도일리 카르트Richard D'Oyly

Carte가 세계 최초로 엘리베이터와 욕실을 갖춘 최고급 호텔인 사보이Savoy 호텔을 오픈하면서 세계에서 가장 편안한 잠을 잘 수 있는 호텔이 되고자 사보이만의 침대와 매트리스를 제작한 것이 '사보이어'의 시작이다. 최상의 천연 소재를 사용해 영국 내에서 100% 수작업으로 제작된다.

- 카펠리니Cappellini

1946년에 엔리코 카펠리니Enrico Cappellini가 설립한 컨템포러리 가구 브랜드. 이후 줄리오 카펠리니Giulio Cappellini는 실험적 디자인을 펼치는 이탈리아 디자이너와 협업해 전통 가구 제조사의 이미지를 쇄신하고, 1990년대에는 디자인 용병제를 통해 국적 불문하고 창의적 재능을 지닌 신진 디자이너를 발굴해 현대 디자인의 대부라는 별명을 얻었다(톰 딕슨, 재스퍼 모리슨, 마크 뉴슨을 발굴했다). 알렉산드로 멘디니부터 넨도까지, 수많은 디자인 아이콘을 양산하며 이탈리아 디자인 문화의 기틀을 다졌다.

Point of view

까시나는 모던 가구의 교과서 같은 곳이다. 두 개의 컬렉션을 가지고 있는데, 르 코르뷔지의 LC 체어처럼 거장들의 작품을 생산하는 이 마에스트리I Maestri 컬렉션과 동시대 가장 유명한 디자이너들이 다양한 시도를 펼치는 이 컨템포라니I Contemporanei가 그것이다. 두 가지의 컬렉션이 존재한다는 것이 가구의 역사를 쓰고 있는 까시나의 정체성이라고 할 수 있다.

More info

까시나의 카탈로그는 현대 디자인사의 교과서라 불릴 만하다. 한 페이지

한 페이지 넘길 때마다 나오는 가구와 그것을 디자인한 디자이너와 건축가를 살펴보다 보면 가구에 대한 이해도가 높아져 있음을 발견하게 될 것이다.

Designer's pick

까시나의 르 코르뷔지에 LC4 체어. 이미 유명한 제품이지만 이 의자의 다리 부분이 머리보다 높게 눕혀진다는 것을 알고 있는 사람은 많지 않다. 나 역시 라운지 체어로만 인식하다가 샤를로트 페리앙의 사진을 보고 나서야 다리 부분을 올려서 누울 수 있다는 사실을 알게 되었다.

○⊃⦿
Main showroom
서울시 강남구 논현로 743 02-516-1743

Project showroom
서울시 강남구 논현로 722 2층

www.crlb.co.kr
Instagram @creativelab_official

까시나 LC4 체어

MAISON HERMES

메종 에르메스

삶의 예술을 위한 여정

Brand history

에르메스의 생활용품 컬렉션 '라 메종' 홈 라인은 1924년에 첫선을 보였다. 가문의 4대손인 장 르네 게랑이 프랑스의 가구 디자이너 장 미셸 프랑크에게 에르메스의 가죽 장인들이 가죽을 씌우는 가구 제작을 제안했고, 1942년 프랑스 장식 미술가인 폴 뒤프레 라퐁이 디자인한 홈 발레 시리즈를 출시하며 홈 라인을 꾸준히 확장해나갔다. 1980년부터는 세라믹, 크리스털, 실버, 텍스타일, 데코레이션 컬렉션을 선보였으며, 2011년 파리 세브르가 17번지에 오픈한 에르메스 매장은 3분의 1 이상이 홈 라인으로 채워졌다. 이후 밀라노 국제가구박람회를 통해 해마다 새로운 도전을 선보이는데, 2012년에는 일본 건축가 시게루 반의 모듈 아쉬Module H 시스템을 통해 인테리어 공간으로 영역을 확장, 2014년에는 프랑스 비주얼 아티스트 얀 케르살레Yann Kersale가 디자인한 모듈형 램프를 선보이며 더욱 풍성한 홈 라인을 제안했다. 2016년에는 멕시코 건축가 마우리치오 로샤Mauricio Rocha가 디자인한 전시 공간을 통해 심신의 안식처이자 휴식, 행복, 화합의 공간인 집에 놓이는 다양한 아이템을 선보였고, 2017년 컬렉션에서는 한국 작가인 이슬기의 패턴을 카펫에 적용해 화제를 모으기도 했다. 2018년 아트 디렉터 샤를로트 마코 페렐망Charlotte Macaux Perelman과 알렉시 파브리Alexis Fabry가 연출한 전시 부스는 규모와 구성, 색감과 설치 모든 면에서 압도적 완성도를 이끌어냈다.

Point of view

정통 명품 패션하우스에서 리빙 라인으로 영역을 확장하는 것은 이미 세계적인 트렌드가 되고 있다. 지금은 에르메스뿐만 아니라 루이비통, 디올, 구찌 등도 홈 컬렉션 분야로 확장하며 전반적으로 기존의 명품 브랜드들이 홀whole 컬렉션으로 확장하는 분위기다.

자타 공인 최고의 브랜드인 에르메스에서 가구 분야 사업을 시작한 지는 10여 년 정도 되었다. 이들은 패션뿐 아니라 인테리어 쪽에서도 최상의 럭셔리를 표방하고 있다. 밀라노 디자인 페어를 준비할 때도 멕시코 건축가가 설계를 하고, 재료 자체도 에르메스만을 위해 멕시코에서 생산한 벽돌을 공수해 오는 수고를 아끼지 않았을 정도. 해마다 완전히 새로운 콘셉트를 내세우는 열정 덕분에 밀라노 디자인 페어의 에르메스 전시 부스는 전 세계 인테리어 전문가들에게 영감을 주는 최적의 공간이 되고 있다.

에르메스는 자신들의 가치에 맞는 디자인과 품질의 제품을 만든다는 것 자체가 '에르메스다운 일'이라며 시간과 돈 그리고 노력을 아끼지 않는다. 덕분에 다른 브랜드에서는 이런저런 이유로 시도하지 않는 작업도 과감하게 시도해서 '진정한 럭셔리'를 느낄 수 있도록 돕는다.

에르메스는 출시하는 모든 제품마다 각각의 스토리 라인이 있다는 점도 매력적이다. 각 가구가 지니고 있는 탄탄한 스토리 라인, 그리고 그에 맞춘 디스플레이 덕분에 공간 자체가 한층 더 의미 있게 느껴지는 것.

또 에르메스처럼 아트 디렉터가 있는 브랜드들은 자신들만의 정체성을 지켜갈 수 있다는 점이 큰 장점이다. 덕분에 늘 새로운 것을 발표하지만, 그 속에서 에르메스만의 가치는 사라지지 않는다.

에르메스 제품은 최상의 럭셔리를 표방하는 만큼 가격대도 고가이기 때문에 클라이언트에게 에르메스 가구를 구입하라고 선뜻 제안하기 힘들다. 하지만 가구나 인테리어에 관심이 있는 사람이라면 '메종 에르메스'에 꼭 들러서 경험해보기를 추천한다. 최고의 진수를 직접 눈으로 확인한다는 것만으로도 충분히 의미 있는 시간이 될 수 있다.

최고급 하이엔드 제품을 보고 나면 감각이 한층 더 업그레이드되는 경험을 할 수 있다. 미술 작품도 명화를 계속 보면서 감각을 키우는 것처럼, 인테리어도 마찬가지이다.

More info

현재 서울 도산대로에 위치한 '메종 에르메스'는 3층 공간이 홈 컬렉션으로 꾸며져 있는데 전 세계에서 파리 다음으로 넓은 공간을 확보하고 있다. 식탁, 소파, 자전거 등 제품의 종류도 다양하다. 메종 에르메스에서는 패션이나 인테리어 작품 외에도 세계적인 설치 작가 양혜규의 작품이 장기 임대로 전시되어 있어 언제든지 감상할 수 있다. 지하 1층 갤러리에서 다양한 전시회도 열리니 예술적인 자극이 필요한 날에 방문해볼 것을 추천한다.

Designer's pick

케인cane(등나무 줄기를 엮어서 만드는 가구. 유연하면서도 잘 끊어지지 않아 내구성 높은 것이 특징) 가구 중 셀리에Sellier 소파. 가죽, 목재, 케인의 소재 매치도 좋지만, 이 재료들이 만나는 부분의 마감은 디테일의 끝을 보는 기분을 느끼게 한다. 2016년 밀라노 디자인 페어에서 처음 전시되고 난 이후 베스트셀러 아이템이 되었다.

ㅇㄱㅇ
02-542-6622
서울시 강남구 도산대로 45길 7
maisondosanpark.hermes.com

Sellier 소파

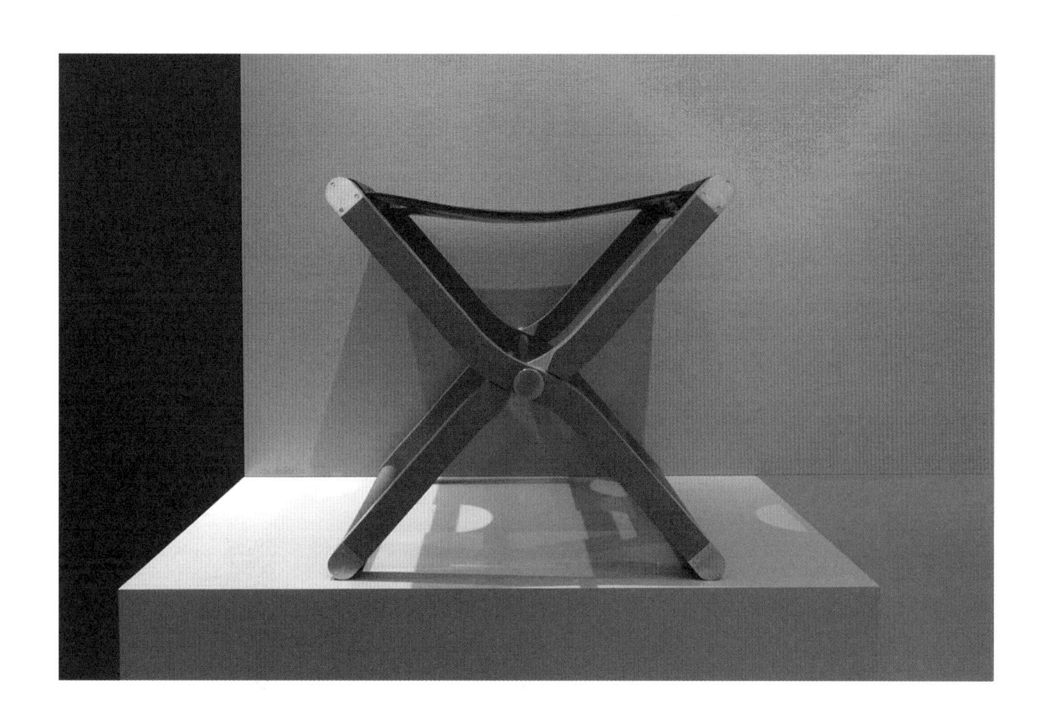

A/HUS

에이후스

단정한 북유럽 스타일부터 펑키한 라인까지

About A/HUS

덴마크어로 '집'이라는 뜻을 지닌 후스hus에 최고를 뜻하는 A를 더해 이름을 지은 가구 숍. 실용적이고 아름다움을 추구하는 디자이너 컬렉션 숍으로 가구와 소품, 조명을 선보이며 세계적인 디자이너들의 컬렉션을 전시·판매한다.

Brand history

- 피트 하인 이크Piet Hein Eek

  피트 하인 이크는 산업 디자이너이지만 가구 디자이너로 더 잘 알려져 있다. 네덜란드 디자이너들이 세계적인 명성을 얻으며 독특한 스타일을 만드는 데 골몰했던 1990년대, 피트 하인 이크는 버려진 나뭇조각에 주목했다. 그의 표현을 빌리자면 '흠 없이 완전한 것에 대한 갈망'에 반대하는 작업이었다. 폐자재를 사용해 제품을 만들기 시작한 그의 작품 세계는 대량 생산이 주를 이루는 현대 사회에서 한 발자국 떨어져 현대와 전통, 자원의 낭비와 지속성 사이의 끊임없는 갈등에 대해 이야기하고 있다.

- 에릭 요르겐슨Erik Jorgensen

  1954년 업홀스터upholsterer(말 안장 제작자)의 장인인 에릭 요르겐슨이 설립한 이후 2대에 걸쳐 명성을 이어오고 있다. 에릭 요르겐슨의 대표작인 OX 체어는 1960년 한스 베그너가 디자인했지만 1989년에야 제품의 형태로 출시된 것으로 유명하다. 한스 베그너가 OX 체어를 디자인할 당시에는 이 디자인 아이디어를 구현해줄 장인을 찾지 못했던 것. 다행히 1988년 에릭 요르겐슨을 만나 생산이 가능해졌고, 다음 해인 1989년 밀라노 국제가구박람회에서 선보인 이후 가구 디자인의 아이콘이 되었다.
에릭 요르겐슨은 이후 루이스 캠벨Louis Campbell, 감프라테시Gamfratesi 등의
디자이너와 협업해 패브릭과 가죽을 사용하는 최고의 크래프트맨십을
보여주고 있다.

• 원컬렉션One Collection

2000년에 이반 한센Iban Hansen과 헨리크 쇠렌센Henrik Sørensen이 설립. 왕의
의자로 불리는 치프턴Chieftains 체어를 비롯해 펠리칸Pelican 체어, 포엣Poet
소파 등 핀 율Finn Juhl의 가구를 제작하는 독점 제작권을 보유했다.
조형적인 핀 율의 가구를 완벽하게 재현하기 위해 일본에서 숙련된 장인을
찾아내고, 미국에서 목재를 공수하는 등의 노력을 기울여 현재 40개
이상의 가구를 원형에 가깝게 생산하고 있다. 단순하고 현대적인 디자인과
뛰어난 기능성에 주목한 핀 율의 작품은 그를 현대 예술 가구의 영역을
개척한 선구자로 만들어 주었다.

• 아르텍Artek

핀란드의 대표적인 가구 회사. 1935년 알바 알토Alvar Aalto, 아이노 알토Aino
Aalto, 마이레 굴리크흐센Maire Gullichsen, 닐스구스타브 할Nils-Gustav Hal이 함께
설립했다. 원래 건축을 하던 알바 알토는 인테리어와 가구까지 공예적인
디테일과 함께 인간 중심적인 디자인 실험을 하게 된다. 그리고 당시
신기술이었던 벤트 플라이우드Bent Plywood 기술을 접목해서 나무를 이용해
이전보다 훨씬 더 자유로운 곡선 형태를 완성해냈다.
아르텍의 가구들은 '불필요한 모든 것은 시간이 지남에 따라 추해진다'는
모토 아래 디자인되어 심플하면서도 가구의 본능에 충실하다. 모더니즘의

대가인 알바 알토는 아르텍에서 생산되는 모든 의자의 기본이자 스툴의 표준이 된 '60 스툴', 파이미오 요양원의 환자들을 위해 디자인한 암체어, 그리고 펜던트 조명 중에서 디자인적 가치를 높이 평가받는 'A330 Pendent Lamp' 등의 작품을 남겼다. 2013년에 비트라가 아르텍을 인수했으나 서로 분리된 기업으로 운영하며 고유의 디자인 철학을 이어가고 있다. 아르텍은 그들만의 철학을 고수하고, 비트라는 제조·유통 및 물류를 담당하는 형태가 되어 큰 자본력으로 브랜드의 힘을 더욱 공고히 하고 있다.

Point of view

에이후스는 세계적으로 유명한 디자이너의 작품을 한눈에 볼 수 있는 곳이다. 그중에서도 특히 북유럽 감성의 작품을 제대로 볼 수 있다. 가구별, 공간별로 구획이 되어 있지 않기 때문에 모든 제품을 한 번에 눈에 넣으려고 하면 오히려 가구 하나하나가 제대로 보이지 않을 수 있다. 대신 다양한 브랜드의 제품을 에이후스 특유의 감각으로 믹스 매치한 아이디어를 배울 수 있다.

에이후스에서 소개하는 제품들은 가구는 물론이고 티 트롤리, 암체어, 티 테이블 등 아기자기한 소품도 많은 편이라 눈에 띄는 가구 한두 가지로 분위기를 전환하고 싶은 사람에게 추천한다. 특히 에이후스에서 판매하는 피트 하인 이크의 스크랩 우드 컬렉션처럼 디자인이 강렬한 제품은 '리빙과 아트의 경계선'에 있다고 할 만하다. 디테일이 섬세하고 펑키하며 독특한 디자인도 많은 편이라 나의 공간에 특별한 것을 하나쯤 더해보고 싶을 때 활용하면 좋다.

More info

에이후스와 함께 라이트 나우Light Noe라는 조명 수입 업체를 운영하는 대표의 심미안으로 고른 조명 기구도 눈여겨볼 것. 일반적 리빙 숍에서 보기 힘든 특이한 조명을 발견하는 재미가 크다.

Designer's pick

피트 하인 이크의 수납장Aluminum sheet cabinet. 남는 재료를 최소화하고 공정도 최소화하는 제로 웨이스트zero waste 개념의 프로젝트로 제작한 수납장. 스크랩 우드 컬렉션과 마찬가지로 새로운 소재와 제작 방식을 추구하는 디자이너의 고민을 엿볼 수 있는 제품이다.

○⊃⊙
한남점 Flagship Store
02-3785-0860
서울시 용산구 서빙고로 413 현대하이페리온 101동 1층

이태원점 House of Finn Juhl, Seoul
02-749-0429
서울시 용산구 회나무로13가길 25-1

www.a-hus.net
Instagram @ahus_shop

피트 하인 이크 Aluminum Sheet Cabinet

MÖBLER

gallery D&D

갤러리디앤디

바우하우스 정신의 독일 가구

About gallery D&D

SK D&D에서 설립한 가구 갤러리. 저먼갤러리라는 이름으로 2006년 론칭, 2017년에 갤러리디앤디라는 이름의 쇼룸으로 새롭게 오픈했다. 단순히 판매와 전시만 이루어지는 것이 아니라 전문가와 상담이 가능하고, 휴식까지 취할 수 있는 복합 문화 공간으로 운영되고 있다. 갤러리디앤디에 소속된 디자이너들이 건축가와의 협업으로 꾸민 쇼룸은 터프한 마감과 단정한 마감을 절묘하게 매치해 색다른 공간 구성을 보여주며 리빙 룸, 키친, 다이닝 룸 등으로 구분해 방문객이 원하는 공간의 가구를 한눈에 볼 수 있도록 했다. 코아Cor, 인터럽케Interlubke, 라이히트Leicht 등 미니멀리즘을 기반으로 한 바우하우스Bauhaus 정신의 독일 가구를 소개하며, 지하 1층은 다양한 종류의 타일, 패브릭 등의 자재를 전시하는 라이브러리로 운영하고 있다.

Brand history

- 인터럽케Interluebke

  1937년에 한스 럽케Hans Luebke와 레오 럽케Leo Luebke 형제가 설립한 독일 명품 가구 회사. 철도 마차용 가구를 제작하는 작은 공방으로 시작해 1960년대부터 자유롭게 확장할 수 있는 시스템 붙박이장과 장식장, 소파와 식탁 등의 생활 가구를 선보이기 시작했다. 독일의 가구 디자이너 피터 말리Peter Maly를 비롯해 벤츠, BMW 등의 인테리어 디자인을 담당한 디자이너 롤프 하이드Rolf Heide, 독일 건축가 베르너 아이스링거Werner Aisslinger 등과의 협업을 통해 지속적으로 새로운 디자인을 소개한다. 무지주 선반장, 후면 라이팅 장식장 등 현대인의 라이프스타일에 맞는 첨단 기능을 담되, 가구 표면 마감과 마무리는 숙련된 장인의 수작업을 고집하는 것이 특징이다. 그렇기에 장인 정신이 깃든 제품을 선호하는 소비자들에게 호응을 얻고 있다.

- 코아Cor

코아는 인터립케의 창립자 중 한 사람인 레오 립케가 1954년 설립한 가구 회사로, 라틴어로 심장을 뜻한다. 인터립케가 바우하우스의 기능과 미니멀리즘을 지향한다면, 코아는 미니멀리즘을 바탕으로 트렌드를 반영한 유니크한 디자인을 선보인다. 1964년 빌헬름 묄러Wilhelm Möller가 디자인한 모던 클래식 소파 콘제타Conseta가 대표 제품으로 지금까지 꾸준히 생산되고 있다. 2016년 코아의 혁신 프로젝트의 일환으로 코아 랩Cor Lab을 창설, 기능적 라운지 체어와 모듈 소파, 손쉽게 이동할 수 있는 테이블과 스툴 등 창의적 작업 공간을 위한 가구를 소개한다.

- 라이히트Leicht

1928년 설립된 라이히트는 '기능function, 우아함elegance, 조화harmony'를 콘셉트로 고급스럽고 모던하면서도 기능성을 강조한 주방 가구를 선보인다. 스페인을 비롯해 유럽 왕실, 전 독일 수상과 유명 인사들이 애용하고 있는 명품 주방 가구이며 런던, 하와이, 도쿄, 홍콩, 시드니 등 세계의 주요 도시에 500개 이상의 쇼룸을 운영하고 있다. 특히 2,000가지가 넘는 유럽의 RAL 컬러 테이블(독일 페인트 회사 RAL연구소의 자회사에서 제작 및 관리하는 유럽 컬러 매칭 시스템)을 토대로 수백 가지의 컬러 조합이 가능해 소비자의 취향에 맞는 맞춤 주방 가구를 꾸밀 수 있다.

Point of view

독일의 미니멀리즘을 기반으로 한 독일 가구의 진수를 느낄 수 있는 공간. 그중에서도 컬러를 적용해 고급스럽게 완성한 라이히트의 주방 디자인이 시선을 사로잡는다. 일반적으로 주방은 화이트나 블랙, 브라운 계열의 컬러를 사용하는데 이곳에서는 레드, 민트 등 과감한 컬러를 적용해 새롭고 특별하다는 느낌을 받는다. 재미있는 컬러 매치와 함께 아일랜드와 선반, 캐비닛의 레이아웃이나 분할, 비례감도 독특해 주방 인테리어를 계획한다면 새로운 영감을 얻을 수 있다.

More info

르 코르뷔지에의 철학이 담긴 빌라 사보아Villa Savoye에서 실험적인 사진 작업을 진행한 김희원 작가의 작품을 감상할 수 있다. 평면적인 사진과 공간이 어우러진 형태의 색다른 컬레버레이션 공간. 이 속에서 현대 건축의 철학적인 감성을 경험해볼 수 있을 것이다.

Designer's pick

인터립케의 코너 붙박이장 DSC 08269. 붙박이장의 코너 부분은 죽은 공간이 되기 십상인데 인터립케의 이 코너장은 특수 하드웨어 덕분에 코너의 도어 2개를 열면 한눈에 내부를 볼 수 있다.

ㅇㄷㅇ
02-2156-4700
서울시 강남구 학동로 129
Instagram @gallerydnd_official

인터립케 DSC 08269

Boffi

보피

장인 정신을 담은 주방의 명작

Brand history

1934년 피에로 보피Piero Boffi가 설립한 주방 가구 전문 브랜드. 밀라노의 역사가 고스란히 담긴 비아 솔페리노 쇼룸에서 주방 가구와 함께 욕실 도기, 수전, 조명, 거울, 데파도바 가구까지 다양한 제품군을 선보인다. 디자인은 물론이고 기능성이 중요한 주방 시스템은 피에로 리소니, 안토니오 치테리오, 파트리시아 우르퀴올라 등 건축적 이해도가 높은 디자이너와 협업해 보다 완벽하고 편안한 시스템을 구현한다. 대리석, 석재, 원목의 거칠고 부드러운 결과 감촉을 그대로 적용해 자연 감성과 절제된 멋을 극대화한 제품을 선보이며 공정의 80% 이상을 수작업으로 완성하는 고집 덕분에 보피만의 탁월한 마감을 자랑한다.

Point of view

외국 출장을 갈 때면 미리 스케줄을 비워 보피 매장을 방문한다. 보피 제품은 마감재의 멋을 최대한 끌어올린 것이 장점으로, 개성 있는 주방을 연출하기에 좋다. 덕분에 스타일링을 할 때 다양하게 변신이 가능하다. 독일 제품은 디테일한 마감이 강점이라면, 이탈리아 제품은 다양한 재료 사용이 돋보인다. 블랙 컬러에 문양이 들어간 후드는 공사 현장에 꼭 적용시켜보고 싶은 제품 중 하나다.

More info

보피는 천편일률적일 수 있는 주방의 레이아웃을 현대인의 라이프스타일에 맞게 제안한다. 주방 인테리어에서 사고의 전환이 필요할 때, 보피의 제품 라인을 살펴보는 것만으로도 도움이 된다.

Designer's pick

옷장 모델 중 브롬톤Brompton. 피에로 리소니가 디자인한 브롬톤 옷장은 블랙에 가까운 다크 그레이 컬러의 오픈형 옷장 시스템이다. 선반, 서랍, 옷봉으로 구성된 제품으로 옷을 깔끔하게 정돈할 수 있다.

ㅇㄷⓞ
02-3443-8071
서울시 강남구 선릉로162길 45 KDC빌딩
www.koreadesign.org
Instagram @boffi_official(해외)

Brompton 옷장

THE OMNI

디옴니

모던 클래식을 경험하다

About THE OMNI

세계적인 명품 가구와 조명 브랜드를 소개하는 프리미엄 리빙 숍. 1995년에 대구에서 시작해 2001년 서울 청담동에 쇼룸을 오픈하여 20여 년간 하이엔드 리빙 아이템을 선보이고 있다. 이탈리아를 대표하는 명품 가구 브랜드 미노티Minotti, 원목 가구로 유명한 영국 브랜드 e15, 캐나다 조명 브랜드 보치Bocci, 미국 로스앤젤레스 기반의 모더니즘 가구 브랜드 모더니카Modernica 등의 제품을 소개하고 있다.

Brand history

- 미노티Minotti

  이탈리아 럭셔리 브랜드 중에서도 패밀리 비즈니스를 이어가고 있는 대표적 하이엔드 가구 브랜드. 1948년 알베르토 미노티Alberto Minotti가 매트리스 제작·판매를 시작하며 가구 사업을 일으켰다. 그의 두 아들, 레나토와 로베르토는 각각 건축경영학과 디자인을 전공해 제품 개발을 맡고 있으며, 현재는 '미노티 스타일'이라 불리는 그들만의 이미지를 3대째 이어가고 있다. 패턴과 바느질에서 최고임을 자부하는 미노티의 장인들 역시 대를 이어 봉제나 재단의 전문성을 계승한 이들로, 최고급 소재와 전통 수작업을 고집하며 '100% 이탈리아산'이라는 자부심을 갖고 있다. 1998년부터는 밀라노 출신의 건축가이자 제품 디자이너 로돌포 도르도니Rodolfo Dordoni가 디자인 총괄을 맡고 있다.

- e15

  1995년 영국 런던에서 시작된 가구 브랜드. e15는 런던의 우편번호를 차용한 것으로 설립자이자 대표 디자이너인 필립 마인저Pilipp Mainzer의 첫 번째 스튜디오 주소이기도 하다. 클래식하고 진부한 느낌을 줄 수 있는 원목 가구를 군더더기 없이 깔끔한 라인으로 디자인하여 주목받았으며, 디테일과 원목을 가공하는 기술력에서 탁월함을 인정받고 있다. 클래식한 원목에 잘 어울리지 않을 법한 유리, 금속 소재들도 자유로이 매치하며 선명하고 과감한 색상을 적용해 소재의 매력을 한층 강조하기도 하다. 스테판 디에즈Stefan Diez, 아릭 레비Arik Levy, 메종 키츠네Maison Kitsune 등 세계적인 디자이너 외에도 데이비드 치퍼필드David Chipperfield 등의 건축가와 협업해 간결하지만 구조적으로 완성도 높은 가구를 만드는 것이 특징이다.

● 보치Bocci

2005년 캐나다 밴쿠버에서 시작된 조명 브랜드로, 예술 작품 못지않게 독특하고 아름다운 제품을 선보이는 것으로 유명하다. 일반적인 생각을 뛰어넘는 대담한 디자인으로 업계를 놀라게 하는데 브랜드 대표이자 디자이너인 오메르 아르벨Omer Arbel의 디자인에 대한 열정 덕분이다. 이스라엘 태생의 캐나다 디자이너인 그는 호기심과 열정이 대단하여 발명가처럼 실험적인 디자인을 고수하며, 오히려 현재 실현 가능한 테크닉은 사용하지 않는 것으로 유명하다. 그는 유리를 주재료로 감성적이고 낭만적인 이미지에 중점을 둔 디자인의 조명을 만드는데, 조명의 전원을 끄거나 켰을 때의 모습부터 주변에 생기는 빛과 그림자까지 세세히 고려해 하나의 작품을 완성할 정도로 섬세한 디자인에 집중한다. 오메르 아르벨의 작품은 모두 숫자로 표기되며, 디자인을 시작한 작품의 순번대로 표기해 숫자가 높을수록 가장 최근에 만들어진 것을 의미한다.

Point of view

디옴니의 대표 브랜드인 미노티의 장점은 모던과 클래식을 이어주는 역할을 한다는 점이다. 미노티는 '장인 정신으로 만드는 이탈리아의 럭셔리 브랜드'라는 확실한 아이덴티티를 가지고 있다. 유행을 타지 않고, 가족 경영을 통해 안정적으로 브랜드 이미지를 이어오고 있어서 그만큼 고객들의 브랜드 충성도도 높은 편. 제품의 라인은 기본적으로 모던에 가깝지만 다양한 디테일은 클래식한 감각을 살려준다.
보치 조명은 디자인이 매우 혁신적이다. 인테리어 제품 중 조명은 복제본이 가장 많은 제품군에 속하는데, 보치 조명은 복제하는 것 자체가 쉽지 않다. 소비자의 요청에 맞춰 커스터마이징 해주므로 다양한 연출이 가능하다.

More info

디옴니는 청담동과 논현동에 두 개의 쇼룸을 운영하고 있다. 청담동 쇼룸은 4개 층이 모두 미노티 단독 쇼룸으로 운영되며 논현동 쇼룸은 e15 가구와 보치의 조명 위주로 꾸며져 있다. 논현동 쇼룸 '아상블라주'에서는 그 밖에도 모더니카Modernica, 브로키스Brokis, 데살토Desalto, 미지스Magis 등 나양한 브랜드 제품과 뉴 텐던시New Tendency 등의 신진 브랜드 제품을 소개한다.

Designer's pick

e15의 하비비Habibi 사이드 테이블. 3가지 컬러로 구성, 여러 가지 용도로 사용하기 좋고 상단 부분을 쟁반처럼 따로 사용할 수 있어서 편리하다.

ㅇㄷㅇ
02-3442 -4672~3
서울시 강남구 압구정로72길 26
www.theomni.kr
Instagram @minottikorea

e15 Habibi 사이드 테이블

THE EDIT

디에디트

아트 & 크래프트 가구와 조명을 만나다

About THE EDIT

디에디트는 1966년 삼진조명(삼진이엔씨)이라는 회사로 출발해 사내 디자인팀이 디자인한 조명을 소개하다가 최근에는 외국 하이엔드 조명 제품을 수입·판매하고 있다. 수입 가구와 조명, 거울 등을 소개하는 디자이너 브랜드 리빙 편집 숍으로 바쌈펠로우Bassamfellow, 발렌틴 로엘만Valentin Loellmann 등 크래프트적 요소가 풍기는 가구를 만날 수 있다.

Brand history

- 바쌈펠로우Bassamfellows

  미국 코네티컷 주에서 활동하고 있는 건축가 크레이그 바쌈Craig Bassam과 크리에이티브 디렉터 스콧 펠로Scott Fellows가 론칭한 라이프스타일 브랜드. 건축적 구조미와 디자인적 완성도가 조화를 이룬 가구와 라이프스타일 오브제, 액세서리를 선보인다.

- 비아비주노Viabizzuno

  '빛의 예술가'라 불리는 조명 디자이너 마리오 난니Mario Nanni가 1994년 이탈리아에서 설립한 조명 브랜드. 세계적 건축가 페터 춤토르Peter Zumthor, 데이비드 치퍼필드David Chipperfield 등 여러 디자이너와 협업해 빛을 표현하는 다양한 방법을 보여준다. 국내에서도 다양한 B2B 프로젝트를 진행하며, 건축 단계에서 조명 설계를 따로 의뢰할 수 있다.

- 발렌틴 로엘만Valentin Loellmann

  독일의 가구 디자이너 발렌틴 로엘만은 과거와 현재, 자연과 인공적인 것이 조화롭게 균형을 이루는 우아한 작품으로 유명하다. 2015년 자신의 스튜디오를 연 신진 디자이너이지만 아트 바젤, PADPioneering event for Art & Design, 파리와 런던 디자인 페스티벌 등을 통해 주목받았으며 2013년 PAD 파리에서 '최고의 모던 디자인 조각상', 2017년 PAD 런던에서 '최고의 컨템퍼러리 디자인 오브젝트상'을 받았다. 손으로 일일이 다듬어 빚어낸 그의 가구는 조소 작품처럼 정교하고 아름답다.

Point of view

라이팅은 흔히 인테리어 디자인의 정점이라고 한다. 하지만 설치할 공간에 적용해보기 전까지 결과가 어떻게 될지 의외로 예상하기 힘든 아이템이라 그만큼 선택이 쉽지 않다. 조명 자체가 공간에서 오브제 역할을 할 수도 있으며, 조명을 메인으로 결정한 후 가구를 구입할 때도 있다. 따라서 존재감이 큰 조명을 골랐다면 가구는 튀지 않는 느낌으로 잔잔하게 선택하는 등 밸런스를 맞추면 된다. 디에디트 매장은 가구와 조명의 디스플레이 감각 자체가 훌륭한 공간이라서 참고하기 좋다. 삼진조명 자체 제작 제품 역시 브론즈, 골드 등의 금속 제품을 트렌드에 맞춰 잘 만들어내기 때문에 고가의 수입 제품을 대신할 국내 디자인 제품을 찾는 사람들에게 추천한다.
수입 조명 중에서는 비아비주노가 가장 인상적인데, 기능과 디자인 두 가지를 모두 고려해 만드는 조명 브랜드답게 조명이 들어오는 선반 시스템 등은 기능적으로 탁월하다.

More info

바쌈펠로우, 발렌틴 로엘만 등 디자이너 브랜드는 아트 크래프트적 요소가 담겨 있어서 자신만의 개성이 느껴지는 공간을 연출하고 싶은 이들에게 추천한다. 특히 발렌틴 로엘만은 금속과 목재의 결합 부분까지 직접 만들 정도로 장인 정신을 가진 디자이너로, 그가 만든 가구는 '가구와 예술품의 경계에 있다'고 평가받는다.

Designer's pick

비아비주노의 멘 솔레Men Sole. 선반과 조명이 결합된 제품으로 LED 조명이 들어오는 선반을 원하는 높이에 자유자재로 걸 수 있다. 선반에 조명이 들어왔을 때 공간의 분위기가 드라마틱해지는 힘이 있다.

ㅇㄷ⊙
02-549-3773
서울시 강남구 논현로 710
www.theedit.co.kr
Instagram @the_edit_seoul

비아비주노 Men Sole

innen

인엔

가구와 미술 작품의 믹스 앤 매치

About innen

인엔은 주거 공간, 상업 공간, 오피스 환경 등에 대한 컨설팅을 전문으로 하는 동명의 디자인 회사(인엔디자인웍스)에서 운영하는 가구점이다. 서울 청담동 쇼룸에서는 클래식부터 컨템포러리까지 시대와 지역을 초월한 디자인 가구와 소품, 아트와 가구가 함께하는 기획 전시를 만나볼 수 있다.

Brand history

- 클래시콘ClassiCon

  시간이 흘러도 변하지 않는 퀄리티의 '클래식classic'과 혁신적 젊은 디자이너의 '컨템포러리contemporary'의 합성어인 '클래시콘ClassiCon'은 1990년 슈테판 피셔 폰 포투르친Stephan Fischer Von Poturzyn이 설립한 독일 가구 브랜드다. 클래시콘의 가장 중요한 목표는 오리지널리티와 완벽한 모양을 가진 각각의 제품을 만드는 일이며, 이것들이 언젠가 클래식한 고전으로 인정받을 잠재력을 지닌 제품을 생산해내는 것이다. 때문에 클래시콘의 모든 제품은 본사의 엄격한 관리 아래 만들어지며, 일련번호를 부여하기에 각각의 가구가 리미티드 에디션으로서 컬렉터들의 위시 아이템이 되고 있다.

- 무어만Moormann

  독일 남부 바이에른 내 알프스의 산자락, 아샤우 임 킴가우Aschau-im-Chiemgau라는 작은 마을에 위치한 무어만Moormann은 1992년에 설립된 가구 회사다. 목가적인 풍경 속에 자리한 무어만은 그 일대의 지역 사회에서 모든 제품의 디자인, 제작, 홍보, 유통의 전 과정이 이루어진다. 창립자인

닐스 호거 무어만Nils Holger Moormann은 정규 디자인 교육을 받지 않고 독학으로 가구 디자인을 익혔으며, 그 때문에 무어만의 가구는 다른 브랜드와 차별화되는 개성과 특별한 존재감을 가지고 있다. 기본 철학은 단순함simplicity, 지성intelligence, 혁신innovation이며, 미니멀한 형태에 정교하게 맞춰진 부품, 창의적이면서도 유연한 시각과 유머러스함이 돋보이는 디자인이 특징이다.

Point of view

회사의 대표가 공간을 다루는 인테리어 디자이너이기에 인엔의 쇼룸은 스타일링이 과하지 않으면서도 시크하고, 방문자들이 아이디어를 얻을 수 있도록 디스플레이되어 있다. 가구뿐 아니라 조명과 가구의 매치 등 전반적인 어우러짐이 좋은 편. 클래시콘은 스탠더드한 가구에 독특한 디테일을 더해서 새로운 디자인을 완성하기 때문에 심플한 제품과 함께 매치하면 유니크한 공간을 완성할 수 있다. 무어만은 입면에서 보이는 비례감에 대한 연구를 많이 하는 브랜드이다. 새로운 가구를 만들 때도 이전과 같은 소재를 사용하기 때문에 시간이 지나도 융통성있게 추가하여 새로운 느낌을 만들 수 있다.

More info

미술 작품과 가구의 매칭이 돋보이는 리빙 숍. 가구뿐 아니라 미술 작품도 눈여겨보기를 추천한다. 공간 안에서 미술 작품의 개성을 극대화하기 위해서는 작품에 대한 이해도 필요하지만 디스플레이 감각도 많이 경험할 필요가 있다.

Designer's pick

클래시콘의 팔라스Pallas 식탁. 클래시콘 가구는 스탠더드에서 한 끗 차이로 변화를 주기에 다른 가구와 매치하면 더욱 유니크해 보인다. 특히 콘스탄트 그리치치가 디자인한 팔라스 식탁은 다양한 종류의 의자와 어울리면서 특유의 구조감을 드러낸다.

ㅇㄷㅇ
02-3446-5103
서울시 강남구 삼성로 747
innen.co.kr
Instagram @innen_seoul

클래시콘 Pallas

Interior Material

3

인테리어를 완성하기 위해서는 기초를 이루는 벽지나 바닥재, 가구의 손잡이나 경첩까지 자재의 역할이 지대하다. 실내 인테리어에서 가장 큰 면적을 차지하는 것도 벽과 바닥으로, 실제 셀프 인테리어를 하거나 디자이너에게 인테리어를 의뢰할 때 사람들이 가장 어려워하는 부분도 마감재인 경우가 많다. 마감재를 결정할 때는 공간의 전반적인 스타일을 정하고, 거기에 부합하는 자재만 신중하게 고르겠다는 결심을 확고히 해야 한다. 인테리어를 결심하는 순간에는 누구나 자신이 원하는 스타일을 중구난방으로 취합하곤 하는데, 마감재 선택에 있어서는 인테리어의 확고한 방향성을 결정한 후 최종 정리하는 과정이 중요하다는 의미다.

자재의 선택은 디자이너에게도 항상 어려운 숙제다. 시공 방법이 천차만별인 데다 컬러와 질감의 조합에 따라 전혀 다른 결과가 나올 뿐 아니라, 가성비 좋은 제품부터 하이엔드까지 셀 수 없을 정도로 많은 경우의 수가 존재하기 때문이다. 또 가구나 소품과 달리 자재는 한번 결정하면 쉽게 바꿀 수 없다. 따라서 디자이너의 조언을 듣더라도 자신의 취향을 충분히 어필하는 것이 좋다. 사전에 자재 브랜드들의 매장을 찾아 자신이 원하는 스타일의 실제 시공 사례를 둘러보는 것도 도움이 될 수 있다.

INGO MAURER

Quasi un cappuccio,
con un foglio stampato,

you & us

유앤어스

고급 인테리어 마감재의 토털 솔루션

About you & us

1998년 럭셔리 패브릭을 시작으로 카펫, 벽 패널, 바닥재 등으로 영역을 넓혀가며 각국의 고급 인테리어 마감재를 국내에 소개하고 있다. 20년간 축적된 경험과 3C(Be Connector, Be Creator, Be Curator)를 바탕으로 한 브랜드 철학으로 고급 주거 공간은 물론이고 호텔, 오피스 등의 공간 특성에 맞는 최상의 자재를 제안하고 적용시키며 사업 영역을 넓혀나가고 있다. '공간을 채우는 모든 것'을 제공한다는 목표를 가진 유앤어스는 사람들의 라이프스타일을 더욱 아름답게 만드는 플랫폼으로 자리 잡고 있다.

Brand history

- 데다Dedar

  화려하고 대담한 이탈리아 패브릭의 대표 주자. 에르메스의 디스플레이를 담당하고 있으며, 90% 이상의 제품을 이탈리아 현지에서 생산한다. 패브릭 패턴과 색감에서 도전 정신이 느껴지며 입체 도안, 아티스틱 그래픽 등 다른 패브릭 브랜드에서 찾아보기 힘든 독보적 텍스타일을 선보인다.

- 크리에이션 바우만Creation Baumann

  다양한 기능성으로 특화된 패브릭을 선보이는 브랜드. 흡음 기능이 수치화된 어쿠스틱 패브릭, 눈부심 및 열Glare & Heat 보호 기능 패브릭, 항균 패브릭 등 각각의 환경에 최적화된 기능을 가진 패브릭을 생산한다. 기능뿐 아니라 디자인도 우수한데, 매해 키 컬러와 트렌드를 정한 뒤 감성적 이미지를 촬영해 만든 룩 북은 많은 디자이너에게 영감을 주곤 한다.

- 식스인치Sixinch

  2003년 설립된 벨기에 회사로 아웃도어, 인도어 가구 두 가지 라인을 가지고 있다. 팬톤의 모든 컬러로 커스텀 컬러 제작이 가능하며, 방수 기능은 물론이고 자외선, 오염 등에 강하다. 가구를 잇는 모든 부분을 한 번에 감싸는 방식으로 공정이 이루어져 일반적 가구와는 다른 개념의 유연성을 지닌 제품을 보여준다.

Point of view

유앤어스는 유명한 패브릭 브랜드를 많이 보유한 덕분에 클라이언트에게 카펫이나 커튼 등을 다양하게 제안할 수 있다. 또 우드플로링과 바닥재, 카펫타일 등 거의 모든 인테리어 마감재를 취급하기 때문에 인테리어에 관심 있는 사람에게는 재료 공부를 할 수 있는 랩 역할을 한다. 유앤어스 사옥 내 머리티얼 라이브러리 역할을 하는 '플레이그라운드'라는 높은 층고의 공간을 마련하여 다양한 제품을 한눈에 둘러볼 수 있도록 했다.

우리나라는 유럽처럼 카펫을 일상적으로 사용하는 문화는 아니지만 점차 형태로 공간을 디자인하는 이들이 많아지면서 카펫의 수요가 늘고 있다. 주거 공간에도 카펫을 사용하는 사람이 늘고 있는 추세인데 소파가 있는 거실 쪽에, 혹은 식탁 밑에 배치하는 등 공간을 좀 더 짜임새 있게 보여주고 싶을 때에는 카펫의 역할이 더욱 중요하다. 어떤 카펫을 선택해야 할지 어렵다고 느껴질 때는 면적이 넓은 제품보다는 작은 것부터 사용해보기를 권한다. 요즘은 두 개의 제품을 레이어링해서 서로 다른 느낌으로 연출하는 등 다양한 변화를 시도하는 경우도 많다. 유앤어스는 카펫 매장을 따로 갖추고 있어 제품 구입뿐 아니라 다양한 디스플레이 아이디어를 얻기도 좋다.

More info

작가들과의 컬래버레이션 아이템들도 눈여겨볼 것. 젊은 감각의 일러스트레이터 장 줄리앙과 컬래버레이션한 코끼리 카펫, 고양이 카펫 등 감각적인 제품들도 만날 수 있다.

Designer's pick

자카드 기법으로 제작된 크리에이션 바우만Creation Baumann의 패브릭 의자 플로라Floras. 패브릭으로 의자를 커버링할 때 생겨나는 특유의 텍스처와 패턴이 입체적으로 살아 있다.

ㅇㄷㅇ
02-547-8009
서울시 강남구 논현로140길 21 유앤어스빌딩
www.youandus.co.kr
Instagram @youandus_official

크리에이션 바우만 Floras

Duomo Lighting

두오모 라이팅

세계적인 조명 브랜드가 한자리에

About Duomo Lighting

2005년에 설립된 리빙 브랜드로 아르테미데Artemide, 플로스Flos, 비비아Vibia, 루이스 폴센Louis Poulsen, 산타앤콜Santa&Cole 등의 제품을 판매하고 있다. 이들 각 브랜드의 조명은 세계적으로 유명한 건축가, 디자이너가 디자인한 것으로 시간이 지날수록 가치를 더하는 제품이라 할 수 있다. 두오모 라이팅은 생활 속에 디자인적인 요소를 담아낼 수 있도록 미학적이면서도 실용적인 조명을 선보이고자 노력한다. 예를 들어 '휴먼 라이트'를 최고 가치로 삼아 자연에 가까운 빛을 재현하는 아르테미데, 효율적인 전력 사용을 위해 에코 시스템을 개발한 비비아 등을
꼽을 수 있다.

Brand history

- 아르테미데Artemide

  자유롭고 혁신적 디자인을 선보이는 이탈리아 조명 브랜드. '시간이 지나도 인정받는 디자인'을 모토로 50여 년간 첨단 기술과 디자인을 응용한 실험적 시도를 꾸준히 이어오고 있다. 창립자이자 디렉터인 에르네스토 지스몬디Ernesto Gismondi는 현재까지도 아르테미데 회장으로 활동하며, 최근에는 자신이 디자인한 디스커버리Discovery 조명으로 이탈리아에서 가장 권위 있는 디자인상인 '황금콤파스상'을 수상하기도 했다. 세계 최초로 무선 조명등을 개발했으며, 로스 러브그로브Ross Lovegrove, 이세이 미야케Issey Miyake 등 세계적으로 유명한 디자이너들과 협업하며 끊임없이 발전해나가고 있다.

- 플로스Flos

1962년 디노 가비나Dino Gavina와 체사레 까시나Cesare Cassina가 설립한 조명 브랜드. 아르테미데와 함께 이탈리아 조명의 양대 산맥으로 불리며 현대 디자인 거장들과 함께 세계의 조명 디자인 흐름을 주도해나가고 있다. 플로스는 라틴어로 '꽃'을 의미하는데, 그 이름처럼 플로스의 제품은 단순히 빛을 내기 위한 도구로서의 조명에서 벗어나 하나의 독립적 오브제이자 완성된 예술품으로 보여지도록 완성도를 추구한다. 카스틸리오니 형제가 1962년 디자인한 조명 '아크로Acro'는 플로스의 대표 제품 중 하나다.

- 비비아Vibia

1987년 스페인에서 설립된 조명 디자인 회사다. 주로 크롬 도장 및 오팔, 유리 등의 소재를 사용해 세련미와 현대미를 강조한 제품을 선보이는데, 디자인적으로 너무 난해하지 않으면서도 공간에 어우러지도록 배치할 수 있다는 점이 가장 큰 장점이다. 효율적 전력 사용을 위해 에코 시스템을 개발한 회사로도 유명하며, 처음 출범했을 때부터 빛의 다양한 활용 가능성에 초점을 두고 고품질 제품을 생산해왔다.

- 루이스 폴센Louis Poulsen

1874년 덴마크에서 탄생한 조명 제조사로 'PH' 시리즈와 함께 지금은 북유럽 인테리어를 대표하는 세계적 브랜드로 성장했다. 아르네 야콥센Arne Jacobsen, 베르너 판톤Verner Panton, 빌헬름 로렌첸Vilhelm Lauritzen, 루이스 캠벨Louise Campbell 등 유명 디자이너, 건축가와 협업해 평범한 공간에 빛의 감성을 불어넣는 제품을 선보여왔다. 그중 폴 헤닝센Poul Henningsen은 디자인뿐만 아니라 퍼지는 빛의 각도와 기능까지 계산하며 뛰어난 조명 기구를 만들기 위해 연구 개발에 매진했다. 결과적으로 빛이 적절하게 확산되어 방 전체 분위기를 편안하게 하는 조명을 개발했고, 1924년 루이스 폴센에 합류하여 PH 조명을 선보였다. 이후 PH5, PH4-3, PH스노볼, PH아티초크 등의 시리즈를 통해 모던 조명 기구의 새로운 기준을 제시했다.

Point of view

주거 공간을 디자인하다 보면 조명이 얼마나 중요한지 매번 깨닫는다. 우리나라 주거 환경이 외국과 다른 점은 비단 아파트의 평면적 구조 때문이 아니라 조명을 활용하는 방식에 있다. 천장이 낮더라도 적절한 조명의 연출로 얼마든지 감성적인 공간을 만들 수 있는데, 조명과 가구가 함께 전시되어 있는 두오모 쇼룸에서 그 감각을 익혀보는 것도 좋겠다.

More info

이 밖에도 두오모 라이팅에서 취급하는 조명 브랜드는 매우 많은데, 매장에 모든 제품이 디스플레이되어 있는 것은 아니니 따로 원하는 제품이 있다면 일단 문의를 해보자. 그중에서도 주문 제작만 가능한 롤앤힐Roll&Hill 조명에 대한 충분한 자료를 제공받을 수 있어 인테리어 설계를 시작할 때 도움이 된다.

Designer's pick

플로스의 OK 조명. 디자이너로서 조명에 대한 애정이 많아 한 가지만을 고르는 게 쉽지 않지만 이 제품은 와이어로 천장과 바닥을 고정하고 둥근 원반의 위치에 따라 빛의 각도가 조절되는 게 매력이다. 감각적인 옐로 색상을 추천한다.

ㅇㄷㅇ
02-516-7083
서울시 강남구 논현로 735 태양빌딩
www.duomokorea.com
Instagram @duomo_tns_official

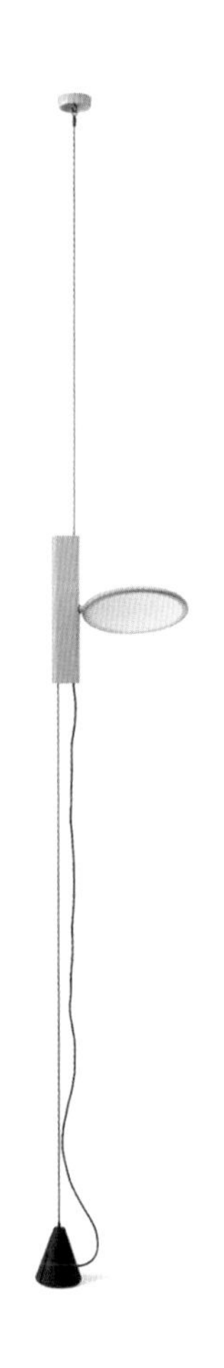

플로스 OK 조명

Elliott Erwitt, 2013
Artemide

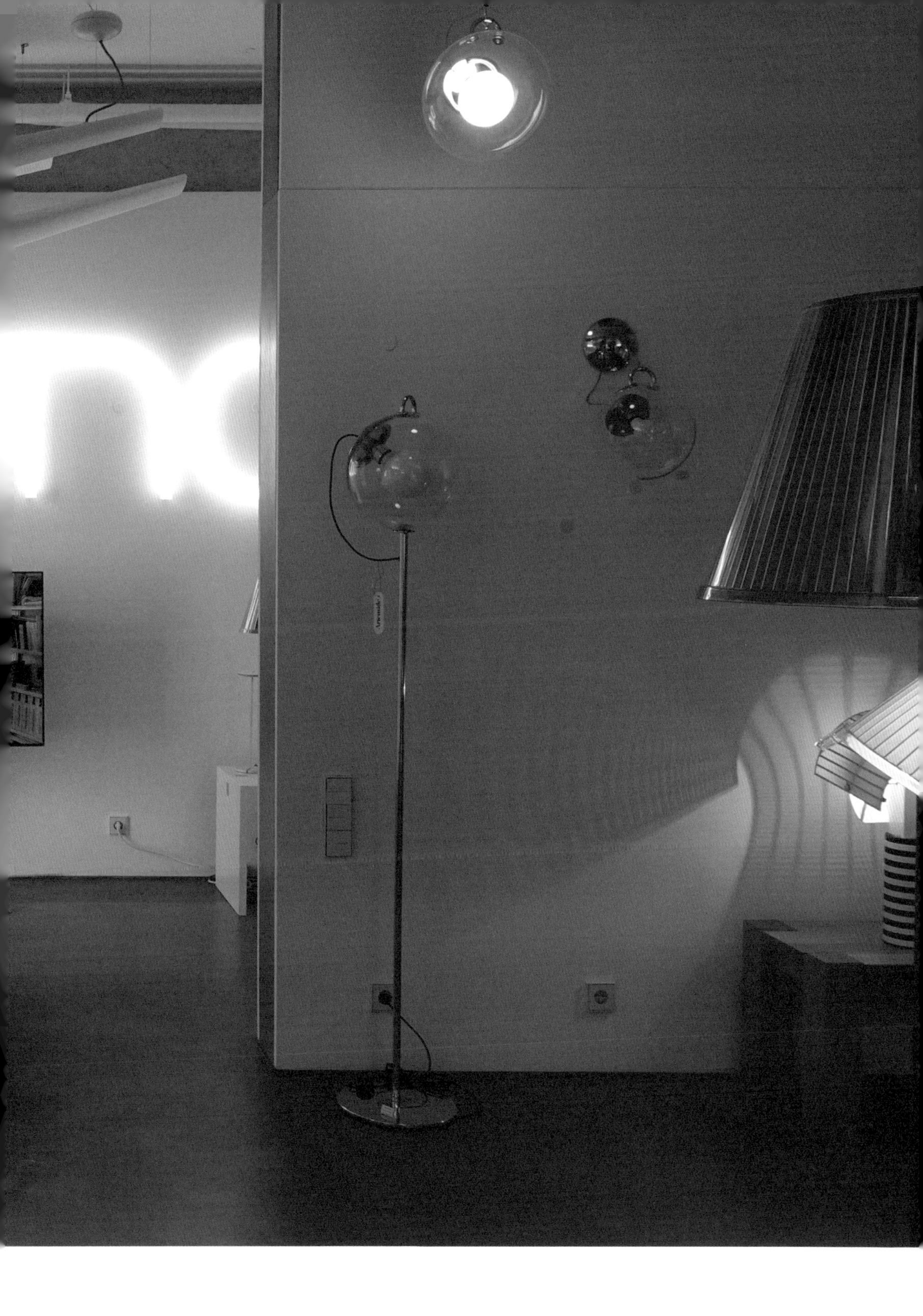

莌呟商材

윤현상재

독자적 아이덴티티의 건축 자재

About 윤현상재

타일을 중심으로 다양한 건축 자재를 판매하는 회사다. '윤현상재'는 '초목에 새싹이 돋아나는 소리'라는 뜻으로 소비자의 소리에 귀를 기울이고 새싹이 돋아나는 순간과 같은 초심을 지켜나갈 것을 다짐한다는 의미를 담고 있다. 건축의 재료가 되는 타일, 우드, 돌 등을 단순히 마감재로만 보지 않고 재료material가 갖는 물성을 탐구하며 자신들만의 아이덴티티를 구축하고 있다. 전시 및 브랜딩 기획을 총괄하는 '비이Be'와 크리에이티브한 소상공인의 아트워크를 육성·판매하는 아트 숍 '윤현핸즈Younhyun Hands', 엄선된 큐레이션으로 진행하는 인테리어 마켓 '보물창고'를 자체 브랜드로 가지고 있다. 자재를 집중 탐구하는 '윤현 머티리얼 스튜디오Younhyun Material Studio'에서는 아티스트와의 컬래버레이션을 통해 다양한 제품을 선보인다.

Brand history

- 무티나Mutina

  윤현상재가 국내 독점 계약한 이탈리아 브랜드 무티나는 도쿠진 요시오카, 로낭 & 에르완 부훌렉 형제 등 세계적 디자이너와 컬래비레이션으로 세품을 개발한다. 타일을 인테리어의 오브제로 승격시키며 타일 디자인의 선두를 이끌어가는 장인 정신이 확고한 브랜드다.

- 디타일D-Tile

  네덜란드 브랜드인 디타일은 일명 '코너 타일'이다. 타일 마감 작업을 할 때 코너 시공은 면과 면이 수평이 아닌 각도를 가지고 만나는 부분의 디테일이 중요한데, 디타일은 이러한 문제점을 해결하기 위해 탄생한 아트워크 수준의 타일 브랜드이다. 모든 코너에 대한 솔루션을 제공함으로써 공간뿐 아니라 타일과 접점을 이루는 욕실, 주방 가구까지 크리에이티브하게 만들어준다. 특히 상업 공간에 디타일 제품이 시공되면 하나의 디자인 콘셉트가 만들어진다고 할 정도로 임팩트가 강해서 많은 사람이 선택하고 있다. 시공도 쉽지 않아서 기본 골조를 만드는 것에서부터 디테일이 중요한데, 윤현상재에서는 다각도의 시공 노하우를 연구하여 시공 작업까지 도와준다.

- 산타고스티노Santagostino

이탈리아 브랜드 산타고스티노는 우드인지 타일인지 혼동될 정도로 독특한 타일을 선보인다. 디지털 프린트 기술로 우드 패턴을 넣은 타일은 정교한 디테일이 인상적인 제품. 대중성과 안정적인 판매보다는 특색 있는 타일과 자재에 초점을 두며 새로운 소재를 끊임없이 개발하고 있다. 이러한 노력 덕분에 볼로냐에서 열리는 세라믹 타일 박람회 '체르사이에Cersaie'에서 매년 한 컬렉션만 선정해 시상하는 베스트 디자인 어워드를 2015년 Blend Art, 2016년 Digital Art 연속 수상했다.

Point of view

윤현상재는 활발한 SNS 활동을 통해 일반 소비자에게도 매우 친근하게 다가가고 있다. SNS상에서 윤현상재의 시공 사례를 아낌없이 보여주기 때문에 그 자체로 안목을 높여주는 측면도 있고, 셀프 인테리어를 할 때 도움을 받을 수도 있다. 기본적으로는 타일 브랜드이지만 색다른 컬래버레이션이나 전시, 소규모 페어 등 흥미 있는 작업들을 끊임없이 기획하고 있는 회사다. 이런 활동들 덕분에 인테리어 관련 전문가들이 윤현상재의 다양한 프로젝트를 눈여겨보고 있으며, 윤현상재는 자신만의 아이덴티티를 확실하게 구축해가고 있다. 서울 도심에서 상당히 떨어진 윤현상재의 자재 창고에서 '보물창고'라 불리는 마켓을 처음 열었을 때는 찾아온 사람들 때문에 주변의 교통 체증이 일어날 만큼 성황을 이루기도 했다.

More info

윤현상재는 건축 자재 회사이기에 소비자와의 접점을 찾기 어렵다는 한계점을 '사람에 대한 이해'를 통해 확장해나가고 있다. 마켓 셰어market share가 아닌 마인드 셰어mind share라는 관점으로 소비자의 공감을 이끌어내기 위해 노력한다. 많은 아티스트, 디자이너와 컬래버레이션을 진행하며 이곳이 디자이너들이 감각을 펼치고 영감을 얻을 수 있는 창작 놀이터가 될 수 있도록 돕고 있다.

Designer's pick

다양한 소형 타일의 보물창고라 할 수 있는 곳으로, 우리나라에서 만날 수 있는 모든 종류의 소형 타일을 갖추고 있다고 해도 과언이 아니다. 이런 소형 타일 중 무티나의 데님 타일은 지루하기 않고 경쾌한 욕실을 만들 때 적합하다.

02-540-0145
서울시 강남구 논현로132-22 윤현빌딩
www.younhyun.com
Instagram @younhyun_official

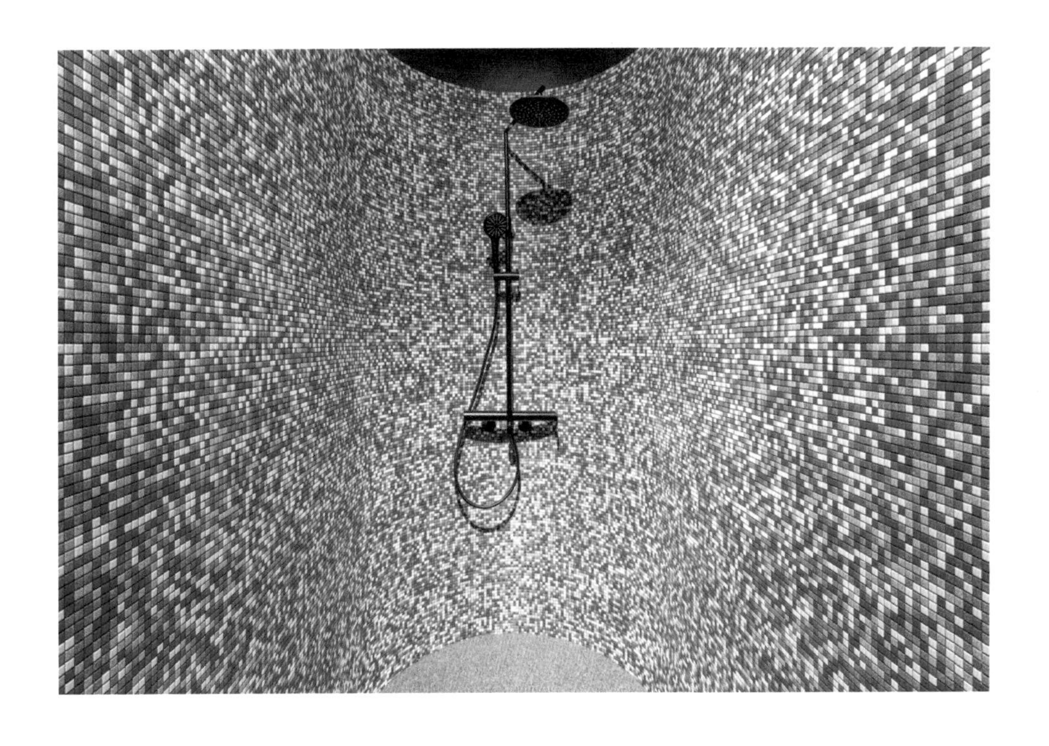

무티나 데님 타일

EURO ceramic

유로세라믹

타일과 도기의 모든 것

About EURO ceramic

1998년 하나타일상사라는 이름으로 시작, 상아타일상사라는 이름을 거쳐 2002년 유로세라믹으로 사명을 변경한 뒤 토털 라이프스타일 브랜드로 자리매김했다. 명실상부 국내 타일 전문 매장의 선두 주자로 트렌드를 리드하는 유럽의 신제품을 선보이는 것은 물론이고 고품질 세라믹을 디자인 개발해 OEM 생산도 병행한다. 21주년을 맞이한 2018년에는 유로타워라는 이름의 사옥에 8개 층의 쇼룸을 구성하는 등 토털 리빙 브랜드로서 다양한 행보를 펼치고 있다.

Brand history

- 라미남Laminam

  2001년에 시작한 이탈리아 브랜드 라미남은 1000×3000mm에서 최대 1620×3240mm 크기의 슬랩 타일을 3~20mm 두께로 생산한다. 세라믹 업계의 혁신자인 프랑코 스테파니Franco Stefani가 라미남 타일의 생산 기술을 만들어냈으며, 커다란 표면과 최소한의 두께를 가진 슬랩 타일 생산 기술 특허를 획득해 건축과 내외장재뿐 아니라 가구와 디자인 분야 등에 다양한 용도로 사용될 수 있는 기능성 슬랩 타일의 표면 마감을 선보이고 있다.

- 우바텍Urbatek

  스페인 브랜드 우바텍은 대형 사이즈의 슬랩 타일을 가장 자연스러운 대리석 느낌으로 재현한 타일을 선보인다. 온도와 습도 내구성이 높아서 건축 내외장재로뿐 아니라 가구와 디자인 분야에 다각도로 활용되고 있다.

● 우메이Umage

덴마크의 가구 및 조명 회사. 2008년 비타 코펜하겐Vita Copenhagen이란 이름으로 조명 컬렉션을 선보였으며, 2018년 브랜드명을 '우메이'로 변경하며 가구 컬렉션까지 영역을 확장했다. 북유럽 브랜드 철학을 바탕으로 한 합리적 가격대와 친환경적인 플랫팩 패키징 전략으로 소비자들의 호응을 얻고 있다.

Point of view

유로세라믹은 타일이나 도기 분야에서 시장을 선도하는 업체다. 이곳에서는 다양한 제품 디자인을 구경할 수 있는 것은 물론이고 시공과 관련한 조언도 들을 수 있어 인테리어 공사를 계획 중인 사람이 찾아가도 즉각적인 솔루션을 얻을 수 있다.
아파트나 주택은 욕실 디자인의 상태에 따라 전체 인테리어의 수준이 결정되기도 하므로 욕실 자재 선택에 신경을 많이 쓰는 편이다. 그래서 시간이 날 때면 유로세라믹에 들러 신제품을 체크하고, 아이디어를 얻기도 한다.
유로세라믹은 이탈리아나 스페인 제품을 주로 취급하는데, 최근 들어서는 가격 경쟁력이 있는 중국 제품도 눈여겨볼 만하다. 과거에는 중국산이라고 하면 무조건 품질이 떨어진다고 여겨서 업계 사람들도 기피했지만, 이제는 기술과 디자인 개발을 통해 거듭 발전하고 있다. 고가부터 합리적인 가격대까지 제품군이 다양하다.

More info

타일 작업은 시공이 완벽히 받쳐주어야 만족할 만한 결과를 얻을 수 있다. 현장에 따라 공간 제약이 있고 바닥 상태도 일정치 않는 등

변수가 많아 완벽히 시공하기가 어렵기 때문. 제품의 아름다움이 제대로 발현되려면 시공을 제대로 해야 하니 이를 꼭 염두에 두어야 한다. 유로세라믹은 실력 좋은 시공자를 소개해주기도 하고, 시공법을 세심하게 설명해주기도 한다.

Designer's pick

고급 소재의 대명사로 여겨지는 대리석 느낌을 제대로 구현한 타일. 바닥을 천연 대리석으로 시공하면 관리하기가 어렵다는 단점이 있어 요즘에는 대리석의 느낌을 살린 타일이 많이 출시되었다. 대리석처럼 보이지만 물이 스며들지 않아 변색이 안 되고 강도도 천연 대리석보다 더 좋아서 추천한다.

02-543-6031
서울시 강남구 논현로127길 14 유로타워
www.eurotile.co.kr
Instagram @euro_ceramic

대리석 무늬 타일

Duomo Bagno

두오모 반요

고급 욕실 문화를 리드하다

About Duomo Bagno

두오모앤코가 2006년에 신설한 위생도기 사업부. 안토니오 루피Antonio Lupi, 아가페Agape 등 이탈리아 최고급 욕실 브랜드는 물론이고 플로림, LEA 등의 타일 브랜드도 함께 소개하고 있다. 단순히 제품만 소개하는 것이 아니라 개개인의 라이프스타일에 맞춘 플랜, 마감 등의 욕실 관련 컨설팅 서비스를 제공한다.

Brand history

- 안토니오 루피Antonio Lupi

  3대에 걸쳐 120년 동안 욕실 가구 및 자재를 선보여온 이탈리아 최고의 욕실 브랜드이다. 'Material is compared to water'라는 슬로건처럼 다양한 자재를 마치 물을 다루듯 자유자재로 구현한 디자인 제품을 선보이며, 끊임없는 연구를 통해 신소재를 개발한다. 특히 다양한 컬러를 조합한 유색 레진 크리스털무드Cristalmood는 투명도, 광택, 컬러 발색력, 내구성 등이 뛰어난 장점을 지니며 부식성 테스트를 통과한 염료를 사용해 오래 사용해도 변성이 되지 않는 특성이 있다.

- 아가페Agape

  1973년 설립된 이탈리아 욕실 브랜드 아가페는 욕실을 안락하고 편안한 공간으로 만드는 것을 최우선 목표로 한다. 나무, 돌, 유리와 같은 소재의 욕실 가구를 선보여 욕실 소재의 다양화에 선구적인 역할을 하고 있다. 독성이 없고 알레르기 방지 효과가 뛰어난 소재를 사용해 제품을 생산하는 등 건강한 라이프스타일에 최적화된 제품을 선보인다.

- 판티니Fantini

  ‘물’을 모티브로 우아한 디자인의 수전을 선보이는 판티니는 물의 흐름을 가장 아름답게 또는 위트 있게 표현하는 수전 전문 브랜드로 꼽힌다. 설립 후 수공예의 정성을 그대로 담은 현대적 산업 공정을 통해서 제품을 생산하고 있다. 세계적 디자이너들과 협업해 새로운 디자인을 선보여왔는데, 1970년대 후반에 출시한 ‘이 발코니i Balocchi’ 시리즈는 수전에 처음으로 컬러를 가미한 혁신적인 컬렉션으로 기억되고 있다. 국내에서는 故 김백선 디자이너가 판티니와 협업해 제품을 선보였으며, 유작인 오월호텔에 시공되어 있다.

Point of view

인테리어 시공을 하면서 특히 신경을 쓰는 공간이 바로 주방과 욕실이다. 아파트 위주의 우리나라 주거 형태에서 주방과 욕실은 그래도 개성을 드러낼 수 있는 공간이기 때문이다. 최신 욕실 트렌드를 알고 싶을 때는 안토니오 루피, 아가페 등 욕실 문화의 고급화를 선도해온 브랜드를 수입하고 있는 두오모 반요를 들르곤 한다. 모기업인 두오모앤코가 타일 제품 판매로 출발한 만큼 욕실 제품은 두오모 반요가 차별화된 경쟁력을 가지고 있다. 도기나 타일은 브로슈어만 보고 선택하기에는 컬러나 텍스처의 차이가 크기 때문에 반드시 실물을 보는 것이 중요하다.

두오모 반요의 제품 라인 중 안토니오 루피는 워낙 고가여서 대중적이라고 할 수는 없다. 하지만 정말 좋은 제품은 무엇이 다른지 직접 눈으로 확인하고, 손으로 만져보는 것만으로도 안목을 높일 수 있다.

More info

故 김백선 디자이너가 판티니와 협업해 만든 '어바웃 워터'는 2017년 밀라노 디자인 페어 때 별도 부스에서 전시된 제품으로 우리의 멋과 기능성이 담긴 수전이다. 김백선 선생의 유작이 된 이 제품은 오월호텔에 시공되었는데, 판티니 본사에서 이를 확인하기 위해 방한했을 정도로 수전 디자인에 대한 새로운 접근을 보여주었다.

Designer's pick

폰타네 비앙쉐Fontane Bianche 수전. 돌stone을 다루는 데에 탁월한 회사인 살바토리Salvatori의 디자인과 판티니의 숙련된 장인정신이 어우러져 탄생한 제품이다. 밸브를 연상시키는 동그란 손잡이 모양 덕분에 인더스트리얼 인테리어에 잘 어울린다.

ㅇㄷㅇ
02-3446-3008
서울시 강남구 논현로 737 평화빌딩
www.duomokorea.com
Instagram @duomo_tns_official

판티니 Fontane Bianche

DAV

다브

예술적 감각의 벽지 & 패브릭 편집 숍

About DAV

다브는 30년간 해외 유수 브랜드의 벽지와 패브릭을 수입해 국내에 소개해온 편집 숍이다. 1988년 '유럽장식로드숍'이라는 인테리어 업체로 시작하여 1990년 프랑스 벽지 브랜드 엘리티스Elitis와 스웨덴 브랜드 샌드버그Sandberg 등 국내에 소개되지 않았던 벽지와 패브릭을 수입하기 시작했다. 이탈리아 화가이자 조각가, 인테리어 디자이너인 피에로 포르나세티Piero Fornasetti와 컬래버레이션한 벽지로 유명한 콜앤선Cole&Son, 유니크한 컬러와 대범한 패턴으로 유명한 피에르 프레이Pierre Frey 등의 제품을 국내에 처음으로 수입하면서 국내 하이엔드 인테리어 시장의 수준을 한층 업그레이드한 것으로 평가받는다. 서울 논현동에 자리한 쇼룸은 인테리어 디자이너에게도 영감을 주는 공간이다. 1층은 패브릭 쇼룸, 지하층은 베딩과 쿠션 등의 패브릭 소품과 몰딩 브랜드 올락 데코Orac Decor 등의 전시 공간, 2층은 벽지 디스플레이 공간으로 구분되어 있다.

Brand history

- 콜앤선Cole&Son

  1873년 존 페리John Perry가 설립한 존 페리 유한회사에서 출발한 영국의 벽지 브랜드. 런던 북부 이즐링턴 지역에 자리 잡은 초창기에는 목판을 이용한 뛰어난 인쇄 기술로 제프리앤코, 샌더슨 등 유명 벽지 회사를 위한 제품을 생산했다. 실크를 모방하는 자스페Jaspe 기법도 개발, 오늘날 전 세계를 통틀어 전통 방식으로 수제 블록 벽지를 생산하는 유일한 회사다. 세계적 디자이너 데이브드 에스톤, 톰 딕슨, 피에로 포르나세티와 협업하였으며, 끊임없는 연구로 1,800여 개의 블록 프린트 패턴을 개발하였고 벽지 원본 역시 소장하고 있다. 방대한 아카이브를 자랑하며 그 자체로 벽지의 역사라고 할 만하다.

- 피에르 프레이Pierre Frey

  1933년 설립 이후 모든 장르의 기본이 되는 클래식을 포함, 현대적인 디자인을 광범위하게 담아내는 브랜드. 현재는 브라크니에Braquenie, 부삭Boussac, 파디니 보르기Fadini Borghi, 피에르 프레이Pierre Frey 등 4개의 브랜드를 소유하고 있다. 가족 중심적인 시스템 덕분에 장인 정신이 더욱 잘 계승되고 있는 피에르 프레이는 해가 갈수록 더욱 넓은 스펙트럼의 패브릭, 벽지, 가구 디자인을 소개하고 있다.

- 르리에브르lelievre

  1914년 설립된 르리에브르는 벨벳, 실크 원단을 전문적으로 생산하기 시작하였다. 현재는 타시나리 & 샤텔Tassinari & Chatel을 인수하여 클래식한 분위기의 영역을 넓히는 것과 동시에 소니아 리키엘Sonia Rykiel, 장 폴 고티에Jean Paul Gaultier와 같은 패션 디자이너와 컬래버레이션 브랜드를 론칭하여 발 빠르게 트렌드를 반영하고 있다.

Point of view

전체적으로 클래식한 프렌치 스타일 위주지만 그 외에도 다양한 스타일의 제품을 판매하고 있다. 특히 포인트로 사용하기 좋은 이국적인 벽지 브랜드를 많이 보유하고 있는데 그중 피에르 프레이는 대담한 패턴과 색감으로 인정받고 있다. 아이용으로 제작된 제품도 프린트가 유치하지 않고 멋스러워서 인기가 많다.

다브 매장에는 벽지뿐 아니라 편안한 분위기의 침구류 등 패브릭 제품도 많이 진열되어 있어 구경하는 재미가 있다. 적은 예산으로도 접근가능한 가격대의 제품은 물론이고, 유행을 타지 않는 타임리스 제품도 어렵지 않게 찾을 수 있다.
전화 부스처럼 작은 쇼케이스를 만들어 과감하고 새로운 타입의 벽지나 원단을 보여주는 등 방문객에게 영감을 주기 위해 마련한 디스플레이 공간도 돋보인다. 이런 공간을 주의 깊게 살펴보는 것만으로도 인테리어에 대한 감각을 키울 수 있다.
벽지나 원단을 선택할 때 인테리어 경험이 많지 않은 사람들은 무난한 무채색 제품을 선택하는 경우가 대부분이다. 하지만 벽지나 원단 같은 소프트 인테리어 아이템은 투자 대비 완벽한 메이크 오버가 가능하므로 다양한 시도를 해보라고 권하고 싶다.
제품 선별에 자신이 없다면 침실 한편이나 화장실 등 작은 공간에 포인트를 주는 방법으로 시도해보자. 작은 공간일수록 주인의 감각이 빛을 발하며 세세한 공간까지 신경을 썼다는 인상을 줄 수 있다.

More info

다브에서 선보이는 올락 몰딩은 합성 기술을 도입해서 기존의 몰딩보다 훨씬 간단하게 설치가 가능하도록 만든 제품. 또한 별도 공사 없이 몰딩만 시공하더라도 간접 조명까지 해결할 수 있는 새로운 스타일의 제품이므로 매장에 한 번쯤 들러 체크해보기를 권한다.

Designer's pick

기린과 사자 등의 동물 패턴이 있는 피에르 프레이의 아동용 벽지를 추천한다.
클라이언트의 집에 시공했는데 시공 후 웰 메이드 제품의 카리스마가 느껴졌다.

ㅇㄷ⦿
02-512-8590
서울시 강남구 학동로37길 17
www.dav.kr
Instagram @dav_korea

피에르 프레이 벽지

JUNG Korea Electric

융코리아일렉트릭

독일의 전기 제어 장치, 제동 시스템

About JUNG Korea Electric

Albrecht JUNG GmbH & Co. KG(이하 융)는 스위치와 전기 설비 회사로 1912년 독일에서 설립되었다. 100년이 넘는 기간 동안 스위치 등 전기 설비 분야에서 연구 개발을 거듭해 독일에서 가장 인정받는 브랜드로 자리매김했다. 융은 독일에 본사와 디자인센터, 생산 공장이 있으며 우수한 기술력을 바탕으로 스위치, 콘센트, 조광기, 센서, 실시간 원격 제어 시스템, 블라인드 제어 시스템, 무선 시스템 등 첨단 전자 제동 제어 시스템을 생산한다.

Point of view

10여 년 전 조명 회사에 시공되어 있는 스위치가 독특해 유심히 살폈는데 'JUNG'이라고 쓰여 있어 융이란 회사를 알게 되었다. 요즘은 인테리어 디자인을 의뢰하는 클라이언트들도 스위치 등 작은 것의 중요함을 잘 알고 있다. 인테리어에서 스위치는 잘 만든 맞춤복의 단추 같은 역할을 한다. 이 옷이 고급인지, 얼마나 정성 들여 만들었는지는 단추를 보면 알 수 있듯, 인테리어 수준도 마지막의 작은 디테일에서 승부가 나는 것이다.

융 제품의 경우 스위치 하나에 3만~4만 원 선이니 가격 면에서 부담일 수 있지만 만족도가 높은 편이다. 정사각형의 깔끔한 디자인과 스테인리스, 골드, 브론즈 등 독특한 소재 그리고 다양한 컬러로 선택의 폭이 넓고 개성이 있으면서도 고급스럽다.

More info

2014년, 융은 클래식 라인인 LS990을 르 코르뷔지에 컬러Le Corbusier Colors라는 이름으로 리뉴얼해 독보적인 63가지의 매트한 컬러를 선보였고, 그해 'German Council Konic Awards'에서 'Best of best'를 수상했다. 융은 단순히 스위치 회사가 아니라 전자 제동 제어 시스템을 생산하는 업체이기 때문에 인터폰 등 도어 스피커, 센서 등의 제품도 갖추고 있어 통합 시스템 핸들링도 가능하다. 나아가 라이팅, 에어컨 조절기까지 토털 시스템을 구축할 수도 있다. 단, 우리나라 표준 제품과 크기가 달라 기초 작업이 필요하므로 사전에 전기공사팀과 충분히 상의한 후 시공해야 한다.

Designer's pick

융 스위치를 시공한 뒤 아파트 공간에 집집마다 설치된 온도 조절기를 그대로 두면 마지막 단추가 잘못 채워진 느낌이다. 융 온도 조절기를 설치하려면 시공 초기 단계부터 전기공사팀과 상의해야 한다.

○ㄷ⦿
02-2291-5080
서울시 성동구 행당동 344 305호
www.jjsystems.co.kr
instagram @jjsystems_jung

온도 조절기

KAWAJUN

가와준

주문 제작형 일본 하드웨어 브랜드

Brand history

1974년부터 일본에서 시작된 인테리어 하드웨어 전문 브랜드. 가와준코리아가 설립된 연도는 2012년으로 국내 시장에서의 역사는 그리 길지 않지만 섬세한 부분까지 신경 쓴 마감 기술과 높은 품질, 심플한 디자인으로 인테리어 업계에서 인정받고 있다. 가와준의 제품 개발은 영업 담당자를 통해 고객의 목소리를 반영하는 것에서부터 시작한다. 이를 토대로 제품의 완성 단계에 이르기까지 모든 과정이 본사의 공장 내에서 이루어지는 것이 가와준의 변치 않는 시스템이다. 가와준 제품 개발의 키워드는 '지금까지 이 세상에 존재하지 않던 것'이다. 늘 새로운 것을 찾아 제품화하려는 노력 덕분에 매년 수많은 특허와 실용신안을 만들어냈고, 2019년 현재 약 600여 건의 신청 건수를 보유한 개발력이 가와준의 경쟁력이 되고 있다. 일본에서도 인정받는 공장에서 소재의 가공과 마감 작업을 하고 있기 때문에 고객이 직접 선택할 수 있도록 다양한 마감 옵션을 제공하고 있다.

Point of view

가와준은 기본적 기능에 충실하면서 디자인이 심플하고 마감의 완성도가 높아 자주 찾게 된다. 특히 다른 자재의 마감 컬러에 맞춰서 색상을 선택할 수 있기 때문에 인테리어 완성도를 높이는 데 도움이 된다. 금속 자재만 해도 약 20종의 컬러를 보유하고 있으며, 이 밖의 특정한 색상을 원할 때는 한 달 반에서 두 달 정도의 기간을 두고 발주하면 된다. 가와준의 하드웨어 중에서도 가죽과 알루미늄이 연결된 강화 도어 손잡이, 블랙 샤워부스 경첩, 욕실 액세서리 등은 다른 브랜드에서 찾을 수 없는 품질을 보여준다.

More info

가와준은 원칙적으로 오더메이드에 따라 제품을 생산하지만 가와준코리아는 한국 시장에서 기본적인 수요가 있는 몇 가지 주요 아이템을 준비해두고 상시 판매한다.

Designer's pick

얼마 전 공사한 집에 적용했던 도어 스토퍼. 피스만으로 바닥 면에 설치가 가능하고 벽면 쪽으로 문을 밀면 문이 스토퍼에 걸려서 90도로 서 있다가 문을 한 번 더 밀면 스토퍼가 풀려서 닫을 수 있는 스마트한 제품이다.

ㅇㄷㅎ
02-707-1691~2
서울시 마포구 삼개로20 근신빌딩 별관 402호
kawajun.kr
Instagram @kawajun_korea

도어 스토퍼

Dunn-Edwards

던-에드워드

친환경 페인트의 대표 브랜드

Brand history

던-에드워드는 1925년 프랭크 던Frank Dunn이 미국 로스앤젤레스에 오픈한 던-스미스 컴퍼니Dunn-Smith Company라는 작은 벽지 상점으로부터 시작되었다. 이후 상점이 성공함에 따라 사업을 확장하면서 1938년에 친구이자 페인터 겸 색소 판매자인 애서 에드워드Arthur C. Edwards와 손잡고 던-에드워드 코퍼레이션Dunn-Edwards Corporation을 설립하였고 이후 미국 내에서 일찌감치 친환경 페인트를 개발해 판매하기 시작하면서 빠르게 발전했다.

던-에드워드는 '퍼펙트 팔레트Perfect Palette'라는 독자적 컬러 시스템을 만들어 1,996가지 컬러와 그 이상을 구현하는 조색 프로그램으로 소비자가 원하는 모든 컬러를 쉽게 선택할 수 있도록 했다. 또 고객의 건강과 환경을 최고 가치로 삼아 미국 친환경 제조 시설 인증인 '리드 골드Leed Gold'를 받은 페인트 제조 시설에서 모든 제품을 생산하며, 최고급 원료를 사용해 아름다운 컬러를 더 오래 유지하면서도 환경에 미치는 영향은 최소화하는 제품을 소개한다.

Point of view

던-에드워드 제품은 그동안 국내에 출시되어 있던 페인트 제품에 비해 컬러가 다양한 것은 물론이고 편리한 조색 서비스로 셀프 인테리어를 하는 사람들에게 입소문 나면서 대중적으로 유명해졌다. 친환경 페인트의 대표 격으로 도장 후 냄새가 거의 나지 않는다는 점과 내구성 덕분에 인기가 높다.

오래전 던-에드워드의 A5 컬러 북을 하나 구입했다. 샘플 컬러 면이 넓어 보관하려면 부피가 꽤 되지만 실제 벽면에 컬러를 적용했을 때의 느낌을 보기에는 훨씬 유용하다. 던-에드워드 제품뿐 아니라 벽지는 물론이고 패브릭 그리고 페인트까지 넓은 공간에 사용하는 제품은 최대한 넓은 면적의 샘플을 보는 것이 도움이 된다.

인테리어를 위해 컬러를 고를 때 발색 정도보다 더 중요하게 생각해야 할 것은 각 컬러 간의 조화다. 그러므로 배경색과 페인팅 하려는 공간을 미리 고려해서 결정해야 한다. 또 하얀색 종이 위에 컬러 샘플을 올리고 보아야 색의 느낌을 명확하게 알 수 있다는 점도 알아두자. 벽에 시공할 페인트나 벽지의 컬러를 선택할 때에는 샘플을 실제 벽에 세워서 볼 것을 권한다. 밝을 때, 어두울 때 빛에 따라 어떻게 달라지는지 살펴보고 선택해야 후회가 없다.

More info

던-에드워드의 한국 공식 수입을 책임지고 있는 (주)나무와사람들은 던-에드워드 페인트를 활용한 셀프 페인팅 강좌를 개설해서 운영 중이다. 아이와 함께하는 키즈 클래스는 물론이고 리폼 페인팅, 프로페셔널 코스 등이 있으므로 홈페이지에서 원하는 수업을 찾아 배워보는 것도 도움이 될 것이다.

Designer's pick

던-에드워드의 컬러 팔레트 중 주거 공간에 쓰기 좋은 5가지 제품. 친환경 페인트라 시공 후 전혀 냄새가 나지 않고, 포인트 컬러나 배경 컬러로 사용하기에 적당하다.

○ㄱ⦿
02-6925-3222
서울시 강남구 논현로128길 20
www.jeswood.com
Instagram @dunnedwards_korea

컬러 팔레트

Häfele

헤펠레

집에 필요한 하드웨어의 모든 것

Brand history

1923년, 제1차 세계대전의 흔적이 남아 있던 시기에 독일에서 아돌프 헤펠레Adolf Häfele와 헤르만 펑크Hermann Funk가 처음으로 목공업체를 위한 전문 상점을 개업했고, 이것이 바로 헤펠레의 시작이었다. 이후 세계 최초의 이동 헤펠레 전시 버스로 영업 사원들의 출장 활동을 돕기도 했고, 세계 최대 분량의 가구 피팅용 참조서인 〈The Complete Häfele〉를 발행하며 헤펠레는 독일과 프랑스는 물론, 미국을 넘어 세계적인 다국적 기업으로 발전해갔다. 기본적으로 집과 가구에 필요한 모든 하드웨어를 다 다루고 있는 헤펠레 패밀리 기업은 가구 피팅, 건축 하드웨어, 전자식 잠금 시스템에 있어서 세계적인 선두 기업이다.

Point of view

서랍장 속의 댐핑 시스템, 스냅감이 부드러운 슬라이딩 도어 등 고감도 테크닉이 필요할 때면 반드시 헤펠레 제품을 찾는다. 하드웨어 중에서도 수준 있는 제품을 많이 보유하고 있어 최신 스타일의 신제품을 볼 수 있다.
이런 하드웨어 제품은 당장은 눈에 보이지 않지만 세월이 흐를수록 그 중요함이 느껴진다. 그래서 고급스러운 주거 공간일수록 하드웨어 쪽에 더욱 신경을 쓰는 편. 예전에는 관련 업계 종사자들만 하드웨어 전문 회사에 관심을 가졌는데, 최근에는 소비자들의 인테리어에 대한 관심과 수준이 높아지면서 하드웨어 매장을 직접 찾는 경우가 늘고 있다.
헤펠레도 이에 발맞추어 일반 소비자를 위한 제품을 점점 다양하게 구비하고 있다. 문을 여닫을 때 쾅쾅거리는 문소리를 더 이상 듣지 않고, 싱크대 가장 위쪽에 손이 닿지 않는 곳의 그릇을 쉽게 찾을 수 있는 것도 바로 헤펠레의 기술력 덕분이다.

More info

헤펠레의 하드웨어 제품으로 가구 만들기 경험을 할 수 있도록 전국 70여 곳에서 목공방을 운영하고 있다. 다양한 원목은 물론이고 천연 페인트뿐만 아니라 대형 목공 기계나 도구 등이 잘 구비되어 있다.

Designer's pick

주방 가구의 벽장을 편리하게 여닫을 수 있게 해주는 다양한 솔루션 하드웨어들. 주방 가구 디자인을 완성시키는 데 도움을 주는 하드웨어는 디자인의 자유를 부여해주는 중요한 아이템이다.

○⊃◉
02-541-4538~40
서울시 강남구 학동로 233
www.hafele.co.kr
Instagram @hafelekorea

헤펠레 솔루션 하드웨어

SLOW PHARMACY

슬로우파마씨

그린을 활용한 최상의 설치 작품

Brand history

2013년 다니던 회사를 그만두고 지구 반대편으로 떠났던 슬로우파마씨의 이구름 대표는 여행에서 돌아온 뒤 시간이 많아졌고, 그 시간 동안 자연스럽게 식물을 돌보게 되었다. 식물을 관찰하는 동안 그녀는 매 순간 끊임없이 다른 모습을 보여주는 식물이 아름답고 사랑스럽다는 것을 깨닫고, 이런 감정을 나누고 싶어 주변 사람들에게 식물을 선물하기 시작했다. 그리고 스스로가 식물을 통해 치유받은 느낌을 전하고 싶어서 '슬로우파마씨'를 열었다.

Point of view

슬로우파마씨는 그린으로 공간 전체를 채우는 것에 재능이 있다. 테라리움, 수경 재배, 비커 선인장, 식물 표본, 틸란시아 등을 기본으로 좁은 공간부터 넓은 공간까지, 또 주거 공간과 상업 공간에 모두 어울리는 그린 오브제를 제안한다.
가구 매장을 리노베이션하면서 슬로우파마씨와 함께 이끼로 만든 오브제로 건물 내부를 장식하는 작업을 했는데 결과가 좋아서 만족했던 기억이 있다. 현재 사무실에도 슬로우파마씨의 내추럴 스타일 선인장을 하나 놓아두었는데 모양이 색달라서인지 사무실을 방문하는 사람들마다 구입처를 묻곤 한다.

More info

매장 디스플레이는 물론이고 조경, 설치까지 식물과 관련한 다양한 형태의 프로젝트를 해마다 몇 번씩 열고 있다. 슬로우파마씨가 기획하는 프로젝트에는 공간에서 사람들에게 영감을 주고 싶다는 생각으로 '잠시 천천히 자신의 소리에 집중하는 시간을 가져요.' '잠시 아무 소리도 내지 말고 가만히 있어요' 등의 메시지가 내재되어 있다.

Designer's pick

식물 표본Plant Specimen(200ml). 병 안에 보존액을 넣고 식물을 담아 오랫동안 감상할 수 있도록 한 제품. 식물을 오래 즐길 수 있도록 한 아이디어가 돋보인다.

ㅇㄷ⊙
02-336-9967
서울시 마포구 와우산로 15 1층
slowpharmacy.com
Instagram @slow_pharmacy

Plant Specimen

B.
C.
D.

Arbourista

아보리스타

내추럴한 감각의 그린테리어

Brand history

아보리스타는 영국에서 화훼학Floristry을 전공하고 런던의 제타 엘즈 플라워Zita Elze Flowers와 엘리자베스 마시 플로럴 디자인Elizabeth Marsh Floral Design 등에서 플로리스트로 근무했던 박혜림 대표가 '식물과 나무에 빠져 있고 그것을 위해 일하는 사람'이라는 의미로 만든 플라워 숍. 박혜림 대표는 계절 속에 담긴 자연 그대로의 모습을 추구하면서 그 계절에 피는 꽃의 향기를 내고 지는 것까지 모두 볼 수 있도록 꽃 냉장고를 사용하지 않고 있다. 나무나 식물 역시 사람의 손이 가장 적게 닿은, 고유의 모습 그대로 오래 자라난 것을 선호한다. 때문에 트렌디한 작업보다는 다소 거칠지만 시각적으로 익숙하고 편안한 접근을 하기 위해 노력한다. 서울 한남동 매장에서는 꽃과 식물을 판매하고, 외부 이벤트나 전시 공간에 꽃과 식물을 연출하며 설치에 가까운 가드닝 작업을 하고 있다.

Point of view

아보리스타는 흔히 보아오던 화려한 꽃꽂이나 정형화된 꽃 대신 내추럴한 감각의 야생화 스타일로 유명해진 숍이다. 박혜림 대표는 꽃과 식물의 자연스러움을 강조하여 스타일링을 하는데, 이것이 지금껏 보아오던 방식과는 다른 차별점이다. 기본적으로 영국식 꽃꽂이는 꽃과 꽃 사이로 나비나 벌 등이 날아다닐 수 있을 정도의 여유를 두고 잎사귀, 열매류를 함께 섞어서 작은 자연을 만들어내는데, 아보리스타는 그중에서도 잎사귀, 열매류와 함께 야생화를 활용한 꽃꽂이로 유명하다. 아보리스타의 플라워 수업은 'Talk to you through flowers'라는 주제로 이루어진다. 박혜림 대표가 영감을 주는 이미지와 소재 등의 재료를 준비하고, 수업에 참여하는 사람과 오랫동안 대화를 나눈 다음 꽃을 고른다. 덕분에 꽃꽂이 수업을 통해 취향은 물론이고 자신의 심리 상태도 되돌아볼 수 있다.

More info

아보리스타는 '페르마타Fermata'라는 패션 셀렉트 숍과 같은 공간에서 운영 중이다. 페르마타 대표가 살던 집을 리모델링한 공간으로, 프랑스 교외의 한적한 시골집 같은 편안한 분위기가 가득하다.

Designer's pick

가지 하나하나의 라인과 야생화의 작은 꽃잎에 집중해서 스타일링한 아보리스타의 화초는 마음의 평화를 가져다주는 느낌이다.

ㅇㄷㅇ
02-6052-0977
서울시 용산구 이태원로36길 30
Instagram @arbourista

아보리스타 스타일 화초

Vintage Living & Gallery

4

MUSEUM AMSTERDAM

오래된 미술품처럼 제대로 된 디자인 가구는 오래될수록 가격과 가치가 높아진다. 그리고 이렇게 가치를 인정받는 빈티지vintage 가구의 중심에는 미드센트리 디자인 가구가 있다. 가구 디자인의 역사에서 미드센트리가 갖는 의미는 상당하다. 시기적으로는 1920년대 중반부터 1960년대를 의미하고 미국과 영국, 일본 그리고 스칸디나비아 지역 등이 이 시대 미학의 중심에 있다. 가구의 역사에서 거장의 반열에 오른 찰스 & 레이 임스Charles & Ray Eames 부부, 덴마크 모던 디자인의 거장 한스 베그너Hans J. Wegner, 핀 율Finn Juhl, 아르네 야콥센Arne Jacobsen, 알바 알토Alvar Aalto, 르 코르뷔지에Le Corbusier, 피에르 잔느레Pierre Jeanneret 등이 이 시기에 활동하던 작가들이다.

최근에는 그들의 작품에서 영감을 받아 대중성을 높인 가구가 많이 제작되고 있지만, 그들이 처음 디자인하고 캐비닛 장인cabinet maker의 손을 거쳐 탄생한 오리지널 가구를 따라가기에는 역부족이다. 게다가 안타깝게도 그 시절의 솜씨 좋은 장인들의 맥이 끊어져서 더 이상 오리지널의 퀄리티를 살린 가구를 만들어낼 수 없는 경우도 많다. 이에 따라 실제 그 시기에 만들어진 제품에 대한 가치는 점점 높아지고, 현대에 와서는 빈티지 가구를 마치 미술 작품처럼 거래하게 된 것이다. 가구의 스토리와 역사를 공부하는 것은 물론이고 다양한 디자이너의 스토리까지 풍성하게 들어볼 수 있는 빈티지 리빙 숍에서 오리지널리티의 감동을 경험해보자.

예술적인 가치를 알아보는 것은 여전히 어려운 일이다. 이럴 때 누군가 믿을 만한 작품을 찾아주고 권해준다면 얼마나 좋을까. 이제 막 갤러리 투어에 발을 디딘 초보자라면 가까운 갤러리에 방문하는 것부터 한 발씩 시작해보자. 시간 날 때마다 방문하다보면 어느새 한층 깊어진 작품에 대한 이해와 함께 나만의 스타일을 찾게 될 것이다.

Dansk

덴스크

북유럽 빈티지 가구의 산실

About Dansk

2008년 서울 가로수길에서 빈티지 가구를 소개하는 작은 공간으로 시작해 점차 국내 빈티지 가구 숍을 대표하는 브랜드가 되었다. 1950~60년대에 제작된 오리지널 북유럽 빈티지 가구뿐 아니라 현재 스칸디나비아에서 활동하고 있는 디자이너, 전통과 장인 정신이 깃든 다수의 북유럽 생활 브랜드를 소개하고 있다. 아트 가구를 통해 풍요로운 공간을 만드는 것, 공간을 통한 행복을 제안하는 것에 가치를 두고 있다.

Brand history

- 칼 한센 앤 선Carl Hansen & Son

  1908년 덴마크 오덴세에서 작은 가구 공방으로 시작한 칼 한센 앤 선은 장인 정신과 'Every piece comes with a story'라는 철학을 바탕으로 100년이 넘게 전통을 지켜왔다. 1940년대 대표적인 캐비닛 장인이던 프리츠 헤닝센Frits Henningsen과 협력해 우아한 곡선미가 돋보이는 가구들을 탄생시켰고, 1950년대에는 덴마크 대표 디자이너이자 의자의 대가로 불리는 한스 베그너와 함께 위시본Wishbone 체어를 선보이며 덴마크 디자인 산업의 황금기를 주도했다. 현재까지도 한스 베그너가 디자인한 가구 중 가장 많은 제품을 생산하고 있으며, 그 밖에도 카레 클린트Kaare Klint의 사파리 의자, 모겐스 코치Mogens Koch의 북 케이스, 울 벤셔Ole Wanscher의 콜로니얼 의자 등 시대를 대표하는 디자이너들의 가구를 선보이고 있다.

- 프레데리시아Fredericia

  1911년 고전적인 앤티크 의자 공방으로 시작해 고품질 가구 브랜드의 명맥을 100년 넘게 이어오고 있다. 1950년대에는 보르게 모겐슨Børge Mogensen을 디자인 수장으로 영입하면서 프리데리시아를 대표하는 가구인 '2213 소파', 통가죽으로 만든 '스패니시Spanish 체어' 등 굵직한 선을 지닌 제품들을 선보였다. 여성 디자이너 난나 디트젤Nanna Ditzel의 아이코닉한 '트리니다드Trinidad 체어', 덴마크 디자인 스튜디오 스페이스 코펜하겐Space Copenhagen의 '스파인Spine 시리즈', 재스퍼 모리슨Jasper Morrison의 '폰Pon 테이블' 등 다양한 디자이너와 함께 덴마크 가구의 아름다움과 장인 정신이 담긴 가구들을 생산하고 있다.

Point of view

덴스크는 빈티지 가구마다 제품을 만든 디자이너의 철학, 역사에 대한 설명은 물론이고 각 가구의 소재 등 제품 정보를 전달하며 브랜드에 대한 이해도를 높여주는 곳이다. 브랜드나 디자이너에 대해 알게 되고 그 가치를 이해한다면 제품을 선택하는 소비자의 안목도 높아진다. 나 역시 이전에는 가구의 스타일이나 디자인에만 관심을 가졌지만 요즘은 제작 연도와 소재, 디자이너의 배경 등에 관심을 갖고 가구의 이면을 들여다보게 되었다. 단순히 가구 하나를 사는 게 아니라 일상을 함께할 리빙 제품을 선택하는 일이라는 생각에서다. 북유럽 빈티지 가구가 쉽게 구입할 수 있는 가격은 아니지만, 브랜드의 역사와 전통을 들여다보면서 나만의 선택 기준과 취향을 찾아갈 수 있게 된다. 빈티지 가구는 역사와 스토리가 있거나 소재가 특별한 경우 더욱 인정받는다. 예를 들어 '로즈우드', 즉 장미목으로 만든 가구는 매우 희귀한데 흔치 않은 재료인 로즈우드로 작업한 가구라는 정보를 알고 있다면 빈티지 가구를 선택할 때 실질적 도움을 받을 수 있는 것이다.

덴스크는 가구에 대한 정보는 물론이고 각각의 가구들을 디스플레이해놓은 감각을 보며 인테리어 스타일링 팁을 얻기도 좋은 곳이다. 아무리 유명한 브랜드의 가구도 기존 인테리어와 겉돈다면 의미가 없다. 그러므로 고가의 빈티지 제품을 구입할 때에는 자신의 라이프스타일을 충분히 생각해본 후 선택하는 것이 중요하다.

More info

어린 시절부터 빈티지 가구를 직접 경험하고 또 이에 대한 공부를 많이 한 덴스크의 김효진 대표가 믿을 만한 빈티지 가구들을 소개하고 있다. 소비자가 원하는 제품을 찾아주기 위해 여러 네트워크를 동원하기도 한다.

Designer's pick

칼 한센 앤 선의 CH88. 빈티지한 공간을 스타일링할 때 잘 어울리는 의자이다. 날렵해 보이는 디자인 때문에 불편할 것이라 생각했다가 막상 앉아보니 놀라운 정도로 편했다. 마감재나 컬러가 다양해서 공간에 상관없이 그에 어울리는 제품을 찾을 수 있다.

ㅇㄷ◉
02-592-6058
서울시 강남구 테헤란로39길 77
www.dansk.co.kr
Instagram @dansk_seoul

칼 한센 앤 선 CH88

VINT gallery

빈트갤러리

디자인 가구 컬렉션의 품격을 높이다

About VINT gallery

VINT는 'View about of Invaluable N Timeless'의 약자로 20년 이상 클래식 디자인 가구를 모아온 박혜원 대표가 문을 연 디자인 전문 갤러리다. 선진국에서는 디자인 가구 역시 오래전부터 예술 작품처럼 컬렉션의 대상으로 인식되어왔지만, 우리나라는 아직 이러한 인식의 토대가 형성되지 않았다. 빈트갤러리는 오랜 컬렉션 경험을 바탕으로 디자인 컬렉션에 대한 의미 있는 메시지를 전달하기 위해 2013년 이후로 매년 2회 이상 꾸준하게 테마가 있는 전시를 진행하고 있다.

Point of view

이름만 들으면 일반 미술 갤러리로 생각하기 쉽지만 빈트갤러리는 디자인 가구라는 콘텐츠로 특화된 갤러리다. 그중에서도 쉽게 구경하기 힘든 빈티지 가구를 다수 소장하고 있고, 특히 피에르 잔느레Pierre Jeanneret의 가구를 한국에서 가장 많이 보유하고 있는 곳이기도 하다. 피에르 잔느레는 사촌 형인 르 코르뷔지에Le Corbusier와 함께 1951년부터 1966년까지 인도의 찬디가르에서 도시 건설 프로젝트에 참여해 공공 기관이나 학교 등에서 사용하는 가구들까지 디자인했던 인물. 지금은 그가 만든 의자 하나가 수천만 원을 호가하지만, 얼마 전까지만 해도 그의 가구는 제대로 가치를 인정받지 못했다.

도시 계획 참여를 시작으로 그가 오랜 세월을 바친 인도의 찬디가르는 1990년대에 들어서며 피에르 잔느레가 디자인했던 가구들을 최신 가구로 교체했다. 그 가치를 모르던 사람들은 피에르 잔느레의 가구를 야적장에 쌓아두거나 땔감으로 팔기도 했다. 그러다가 1990년대 말, 안목 있는 프랑스의 갤러리스트에게 발견되면서 다시 빛을 발하기 시작한 것.

가구와 디자이너에 대한 정보를 많이 알고 있는 빈트갤러리 박혜원 대표는 전시회 때마다 다양한 스토리를 들려주곤 한다. 지금은 피에르 잔느레 외에도 퍼니처 아티스트인 핀 율Finn Juhl, 조지 나카시마George Nakashima, 한스 베그너Hans Wegner 등의 작품을 소장하고 있으니 한 번쯤 들러서 구경하는 것만으로도 가구 디자인 역사에 대한 공부가 될 것이다. 빈티지 가구의 가치는 인정하면서도 가구에 대한 지식을 갖추지 않은 채 고가의 빈티지 제품을 제대로 선택하는 것은 쉽지 않은 일. 어느 정도 안목을 기르기 위해서라도 실제 가구를 많이 접해보는 일은 필요하다.

More info

2017년, 경기 양평에서 서울 성수동으로 이전한 빈트갤러리는 아주 오래된 옛날 건물을 사용하고 있다. 계단이나 엘리베이터를 이용해 부피가 큰 가구를 이동하기가 어려운 상황. 박혜원 대표가 생각해낸 방법은 도르레를 활용하는 것이다. 단순히 제품 운반을 위해 시작한 것인데, 지금은 새로운 작품이 들어올 때 도르레로 이동하는 모습을 보기 위해 구경을 오는 사람이 있을 정도로 재미있는 볼거리가 되었다.

Designer's pick

피에르 잔느레의 캥거루 체어. 스타일링할 때 이 가구 하나로 공간에 카리스마가 생긴다. 여기저기 세월의 흔적들이 남아 있어 더욱 멋스럽고 하이엔드 가구와도 조화를 잘 이룬다.

○⊃⊙
070-8880-8245
서울시 성동구 성수이로7가길 32층
www.vint.kr
Instagram @vintgallery

피에르 잔느레 캥거루 체어

Minimal Analogue

미니멀 아날로그

디지털 시대의 아날로그 감성

About Minimal Analogue

다양한 분야의 빈티지 제품을 수집해온 조제희 대표가 2017년 서울 가로수길 근처 한적한 골목에 오픈한 쇼룸. 디자인 스튜디오 '크라픽Crafik'에서 사이드 프로젝트로 운영 중인 공간이다. 미니멀 아날로그는 한 시대를 대변하고 시대의 표준이 되었던 가치 있는 제품들을 재조명하고 일상에서 다시 사용할 수 있게 하는 것을 목표로 삼고 있다.
첫 번째 테마로 진행하는 브랜드는 브라운Braun. 1950~70년대 브라운 사의 오디오 제품을 전시한다. 미니멀 아날로그에서 볼 수 있는 제품들은 디터 람스Dieter Rams가 브라운에서 디자인 디렉터를 담당할 당시 출시된 것들로 반세기 전 제품이라고 믿을 수 없을 만큼 군더더기 없는 디자인이 놀랍다. 쇼룸에서 브라운 오디오를 직접 보고 음악도 들어볼 수 있다.

Designer's say

미니멀 아날로그에서 선보이는 오디오 제품들은 1950~70년대의 미드센트리 시절, 브라운에서 디터 람스가 디자이너들과 함께 작업한 아이코닉한 제품들이다. 단순히 디자인만 감상하는 게 아니라 지속 가능하게 사용할 수 있도록 만들어서 전시하고 있는 것. 당시의 제품들은 간결하면서도 선이 살아 있는 디자인이 매력적이다. 직접 소리를 들어볼 수도 있는데, 요즘 제품과는 다른 빈티지 오디오 특유의 소리를 느낄 수 있다.

More info

디자이너의 디자이너라고 불리는 디터 람스는 브라운의 디자인을 타임리스의 반열에 올린 전설적인 인물이다. 애플의 수석 디자이너 조너선 폴 아이브Jonathan Paul Ive는 아이폰이나 아이팟을 디자인할 때 디터 람스의 디자인을 참고했다고 밝히기도 했다.

Designer's pick

SK5, 1958년 제품. 1956년 출시된 SK4의 개량형 모델로 브라운 사와 디터 람스에 있어서 가장 중요한 작품이기도 하다. 투명한 아크릴 덮개를 가지고 있어 '백설공주의 관'이라고 불리기도 한다.

ㅇㄷㅇ
02-3672-0601
서울시 강남구 논현로157길 45 1층
www.crafik.com
Instagram @minimalalog

디터 람스 SK 5 ©Minimal Analogue

One ordinary mansion

원오디너리맨션

대중적인 빈티지를 선보이다

About One ordinary mansion

'어느 평범한 집'이라는 뜻의 원오디너리맨션은 이아영 대표가 유학 시절 모아온 빈티지 아이템들을 전시할 장소를 마련하면서 2016년 출발했다. 평생 사용하는 가구의 개념을 넘어 다음 세대에까지 대물림이 되고 있는 미드센트리 시대의 모던 빈티지 가구를 판매한다. 오랜 세월 사용해왔고 앞으로도 오래 쓰일 제품을 선택하기 위해서는 사람들이 마음 편히 매장을 방문하여 살펴본 뒤 신중하게 선택해야 한다는 생각에서 원오디너리맨션이라는 이름을 떠올렸다고 한다.

원오디너리맨션 매장은 1층과 지하층, 두 개 층으로 이루어져 있다. 1층은 우리에게 익숙한 스칸디나비안 디자인 제품이 주를 이루고, 지하층은 미니멀리즘 아이템과 바우하우스 스타일로 꾸며져 있다. 온도와 물성이 다른 디자인 제품을 보기 쉽게 각각 분리한 것이다.

Point of view

덴스크나 빈트갤러리가 클래식한 빈티지 제품을 취급한다면, 원오디너리맨션에서는 조금 더 캐주얼한 품목이 많아 처음 접하는 사람들이 부담 없이 찾기 좋다. 북유럽 빈티지라고 하면 대부분 미드센트리 시대의 제품들이 인기가 많은 편이고, 그 시절 인기가 높은 클래식 제품들은 가격이 만만치 않은데 원오디너리맨션 제품은 접근 가능한 '어포더블 럭셔리' 라인이 많은 편이어서 젊은 층의 빈티지 가구 마니아들에게 어필하고 있다.

More info

원오디너리맨션처럼 빈티지 제품을 취급하는 매장에 새로운 제품이 언제 들어올지, 어떤 작품이 들어올지 확실하지 않다. 원하는 제품이 해외 시장에 나오면 이곳 대표가 급하게 현지로 건너가 구해 오는 경우가 많다.

Designer's pick

로열 시스템 선반. 공간에 맞게 재구성할 수 있는 제품이라 매력적이다. 서랍장이나 유리장을 과감하게, 전혀 생각하지 못한 위치에 달아보는 것도 공간에 재미를 부여하는 한 방법이다.

ㅇㄷㅇ
031-704-0525
경기도 성남시 분당구 운중로225번길 52-1
Instagram @oneordinarymansion

dk3 빈티지 로열 시스템 선반

PASTOE
contura

PKM gallery

PKM 갤러리

고요한 휴식 가운데 예술 작품을 만나다

About PKM gallery

2001년 서울 종로구 화동에서 시작한 PKM 갤러리는 2008년 청담동 재개관을 거쳐 2015년 전통과 현대가 공존하는 삼청동에 터를 마련했다. 연면적 890㎡(270평), 순 전시 면적 230㎡(70평), 층고 5.5m의 메인 전시장은 미술관 못지않다. 오래된 주택 두 채를 리노베이션하여 탄생한 갤러리 공간에는 박경미 대표의 현대적인 미감과 함께 건축에 참여한 젊은 건축가 – 건축가 양수인과 건축사 사무소 오드투에이Odeto.A – 의 손길이 곳곳에 스며들어 있다.

심플한 화이트 큐브 공간에는 단색화 작가 최초로 국립현대미술관에서 회고전을 연 바 있는 윤형근 화백의 개인전을 필두로, 센세이셔널한 작품들로 전 세계의 이목을 집중시킨 설치 미술가 이불, 2017 베니스 비엔날레 한국관 대표 작가인 코디 최, 과학·자연·예술의 컬래버레이션으로 국제적 명성을 쌓은 올라퍼 엘리아슨Olafur Eliasson, 빛의 미니멀리스트 댄 플래빈Dan Flavin 등 국내외 대형 작가들의 감각적인 전시를 진행했다.

PKM 갤러리는 해외에서도 그 역량을 인정받아 2004년 국내 화랑으로는 최초로 영국 런던에서 열린 프리즈 아트 페어Frieze Art Fair에 초청되었으며, 이 외에도 스위스의 아트 바젤Art Basel, 프랑스 파리의 피악FIAC 등 국제 미술계에서 가장 영향력 있는 아트 페어에 지속적으로 참가하며, 국내 작가를 세계에 알리는 교두보 역할을 하고 있다.

Point of view

갤러리에 드나들다 보면 스스로도 인지하지 못했던 자신의 취향을 발견하게 된다. 그러니 갤러리 관람을 친구와 커피 마시듯 일상적인 이벤트로 만들어볼 것을 권한다. 나 역시 인테리어와 직접적 연관성이 없는 전시라도 PKM 갤러리에서 하는 전시는 꼭 가서 보려고 노력한다.

갤러리 공간에서도 품격이 느껴지고 개인 갤러리에서 소개하기 어려운 올라퍼 엘리아슨, 댄 플래빈 등 거장들의 전시회가 심심치 않게 열리기 때문이다. 이뿐만 아니라 신예 작가를 발굴해 소개하는 일에도 힘쓰고 있어 가장 즐겨 찾는 갤러리 중 하나다.

More info

갤러리 2층에 있는 PKM 가든 레스토랑 & 카페도 꼭 가봐야 할 장소로 추천한다. 시즌별로 리뉴얼되는 메뉴와 함께 큰 창을 통해 볼 수 있는 호젓한 풍경이 좋아 마음의 위안을 얻을 수 있다.

Designer's pick

백현진 작가의 작품. 인디밴드에서 자신만의 색을 나타내는 싱어송라이터였던 백현진 작가의 '모듈 형식 회화'는 관객이 자유롭게 작품을 조합하고 설치할 수 있도록 만들어 다양한 상상을 불러일으킨다.

○⊃⦿
02-734-9467
서울시 종로구 삼청로7길 40
www.pkmgallery.com
Instagram @pkmgallery

백현진 작품